Liebe Leserinnen und Leser,

dieses Buch über die Entwicklung des Hamburger Hafens im Laufe der Zeit nimmt Sie mit auf eine visuelle Reise durch die Geschichte des Hamburger Hafens und bietet Einblicke in seine verschiedenen Facetten. Die Bilder dokumentieren greifbar und lebendig die baulichen und technologischen Veränderungen sowie die Menschen, die den Hafen geprägt haben.
Von den frühen Tagen der Handelsschifffahrt bis zum hochmodernen internationalen Containerverkehr – die Entwicklung des Hamburger Hafens ist ein wichtiges Zeugnis technologischen Fortschritts und globaler wirtschaftlicher Veränderungen. Er verkörpert die Verbindung von Tradition und Innovation, die Hamburg auszeichnet.
Heute ist der Hamburger Hafen als leistungsstarker Universalhafen weit mehr als nur ein logistisches Drehkreuz. Mit etwa 600.000 Arbeitsplätzen, die bundesweit von ihm abhängen, und einer Wertschöpfung von rund 50 Milliarden Euro jährlich spielt er eine zentrale Rolle für den Wirtschaftsstandort Deutschland und den internationalen Handel. Der Hafen ist nicht nur ein Umschlagplatz für Güter aller Art, sondern auch ein bedeutender Industrie- und Produktionsstandort, der maßgeblich zum Wohlstand und zur Versorgungssicherheit von Hamburg und der gesamten Metropolregion beiträgt.
Mit Blick in die Zukunft stehen wir vor neuen Aufgaben. Innovationen in Automatisierung, Digitalisierung und Künstliche Intelligenz sowie grüne Energie werden den Hafen in den kommenden Jahren entscheidend voranbringen.
Tauchen Sie ein in die Geschichte des Hamburger Hafens und lassen Sie sich von den Bildern inspirieren.

Mit herzlichen Grüßen

M. Leonhard

Dr. Melanie Leonhard
Senatorin der Behörde für Wirtschaft
und Innovation
Freie und Hansestadt Hamburg

OCEANUM SPEZIAL
Containerhafen Hamburg
Von Lars-Kristian Brandt

Herausgeber der Reihe: Tobias Gerken

OCEANUM · Tobias Gerken GmbH
Upper Borg 42 b, 28357 Bremen
Telefon 0421 / 89 80 88 68
redaktion@oceanum.de

Gesamtherstellung: Tobias Gerken GmbH, printed in the EU.

Anzeigen- und Abonnementbestellung:
OCEANUM · Tobias Gerken GmbH
Upper Borg 42 b, 28357 Bremen
Telefon 0421 / 89 80 88 68
info@oceanum.de

ISSN 2366-7869, ISBN 978-3-86927-623-6

BILDNACHWEIS
Alle nicht benannten Fotos stammen von Lars-Kristian Brandt. Sollte trotz intensiver Bemühungen ein Bildgeber nicht oder nicht korrekt genannt sein, bitten wir um Nachricht. S. 1: Daniel Reinhardt/Senatskanzlei, S. 3 von oben nach unten: HHLA/Gustav Werbeck, HHLA/Anke Maurer (2), Umschlagseite hinten von oben nach unten: HHLA/Harald Zoch, HHLA/Gustav Werbeck, HHLA/Friedrich Zitte, Lars-Kristian Brandt, HHLA/Christian Lorenz, Jens Grabbe.

DANK
Allen, die zur Entstehung dieses Buches beigetragen haben, sei an dieser Stelle herzlich gedankt. Vor allem bedanke ich mich bei Christian Costa, Dieter Streich, Jens Grabbe, Kai Ortel, Marcus Schröder, Max Müller, Philipp Schäfer, Ralf Gierke, Thomas Witter und Ulf Kornfeld sowie beim Speicherstadtmuseum, der HHLA und der Reederei Hapag-Lloyd für das Bereitstellen von Fotomaterial aus ihren Archiven. Den Mitarbeitern der HHLA, der Fairplay Towage Group, der Reederei Hapag-Lloyd und der Schiffsbegrüßungsanlage in Wedel danke ich für die Möglichkeit eines Blicks hinter die Kulissen. Zudem danke ich meiner Partnerin Nele Freemann für die Unterstützung bei der Recherche und Gestaltung.

EINLADUNG ZUR MITARBEIT IN TEXT UND BILD
Sie haben einen Beitrag zu einem interessanten Thema und/oder besondere Fotos? Sie haben historische Bilder und Dokumente, die wir in künftigen Publikationen verwenden dürfen? Dann freuen wir uns über Ihre Zuschrift per Post an die Redaktion oder eine E-Mail. (redaktion@oceanum.de)

ÜBER DEN AUTOR
Der Fotograf Lars-Kristian Brandt wurde im Sommer 1990 in Oldenburg in Holstein geboren und wuchs an Ostsee und Elbe auf. Seine Ausbildung zum Fotografen absolvierte er von 2011 bis 2014 in Oyten bei Bremen. Heute arbeitet er hauptberuflich bei der Deutschen Bahn in der Hansestadt Hamburg.

BESTELLMÖGLICHKEITEN BÜCHER DER SEEFAHRT
Im Internet: www.oceanum.de, per E-Mail an info@oceanum.de oder telefonisch 0421 / 89 80 88 68
Das Gesamtprogramm unserer Bücher der Seefahrt erhalten Sie auf www.oceanum.de.

Das Kreuzfahrtschiff AIDAPERLA und das Containerschiff EVER GOLDEN begegnen sich im Juli 2023 bei Wedel.

Inhalt

1 Vorwort

4 Impressionen

14 **Der Hamburger Hafen** Eine Fotoreise in die Vergangenheit

24 **HHLA und EUROGATE** Die großen Terminalbetreiber im Hamburger Hafen

28 **Hamburgs erster Containerterminal** Den Anfang machte die HHLA am Burchardkai

43 Portalhubwagen

58 **Unikai Container Terminal** Vom Auguste-Victoria-Kai zum Kronprinzkai

62 **HHLA übernimmt den Container Terminal Tollerort** Buss veräußert sein „Tafelsilber"

66 **Container Terminal Altenwerder** Eine der modernsten Anlagen Europas

78 **Die HHLA Containerterminals im neuen Jahrtausend** Burchardkai, Tollerort und Altenwerder

89 CSCL INDIAN OCEAN – Chronik einer Bergung

97 Elbvertiefung

98 **Vom Eurokai zum EUROGATE** Hamburgs zweiter Containerterminal

108 Mehrzweckterminals

109 Die unterschiedlichen Container

110 **Taufe der BERLIN EXPRESS** Deutschlands größtes Containerschiff

118 **Hafenschlepper im Einsatz** Containerschiff an der „Leine"

126 **Willkomm-Höft** Die Schiffsbegrüßungsanlage in Wedel

132 **Heimathafen Hamburg** Die Containerschiffe von Hapag-Lloyd

ENDE DER 1960ER-JAHRE

Der Stückgutfrachter TÜBINGEN wurde im Oktober 1955 an die HAPAG abgeliefert, die Reederei setzte das Schiff im Nordatlantik-Dienst ein. Es war die erste Einheit einer Serie von sieben Schwesterschiffen, die allesamt bei den Howaldtswerken in Hamburg gebaut wurden. Auf diesen Schiffen wurden bereits vor der Indienststellung der ersten Vollcontainerschiffe der Elbe-Express-Klasse in geringem Umfang Container transportiert. (HHLA/Gustav Werbeck)

BINGEN

ANWEISUNG ÜBER FUNK

Der sogenannte Einteiler für die Van-Carrier hatte seinen Platz in einem Bürocontainer nahe der Kaikante. Hier dirigiert er gestenreich die Fahrzeuge per Funk über das Gelände. Heute werden die Fahrwege der Van-Carrier vom Computer vorgegeben. Im Hintergrund erkennt man ein Containerschiff der Hamburg-Express-Klasse (1972) der Reederei Hapag-Lloyd. (HHLA/ Friedrich Zitte)

METRANS

Die HHLA besitzt ein eigenes Eisenbahnverkehrsunternehmen. Die Metrans verkehrt größtenteils mit Containerzügen zwischen den Seehäfen an der Nordsee und dem Hinterland. Die Züge steuern hauptsächlich Ziele in Süddeutschland, Tschechien, der Slowakai, Ungarn und Österreich an. Der Hauptsitz des Unternehmens befindet sich in der tschechischen Hauptstadt Prag. (HHLA/Anke Maurer)

295 091-3
Budapest
HHLA
HUN
DB Cargo

REVIERFAHRT ELBE

Das Containerschiff HANSA MARBURG (1740 TEU Ladekapazität) im Juni 2009: Um den Hamburger Hafen zu erreichen, müssen alle Schiffe rund hundert Kilometer die Unterelbe hinauffahren. Alle Schiffe in diesem Revier mit mehr als 90 Metern Länge und/oder 13 Metern Breite sind in der Regel verpflichtet Lotsen an Bord zu nehmen. Von der schwimmenden Lotsenstation bei der Leuchttonne Elbe in der Deutschen Bucht bis Brunsbüttel übernehmen die Seelotsen, danach bis in Höhe von Teufelsbrück die Elblotsen und anschließend bis zum Liegeplatz die Hafenlotsen die Beratung der Schiffsführung. (Peter Witter)

HAMBURG SÜD
HAMBURG SÜD
HAMBURG SÜD
HAMBURG SÜD
HAMBURG SÜD
HAMBURG SÜD
HAMBURG SÜD

CTA
ZPMC
SIEMENS
25

CONTAINER TERMINAL ALTENWERDER (CTA)
Am CTA liegt am 20. Oktober 2022 das Containerschiff DIMITRA C (6.402 TEU). Es verkehrte in Charter für Ocean Network Express und kam zuvor aus Altamira (Mexiko) und Houston (USA) über den Atlantik nach Europa.

Das Passagier-Motorschiff MONTE SARMIENTO der Reederei Hamburg Süd legt um 1930 vom Versmannkai des Baakenhafens ab. Zwei Schlepper ziehen es in die Mitte des Hafenbeckens. An dieser Stelle befindet sich heute die HafenCity. (HHLA/Gustav Werbeck)

Der Hamburger Hafen

Eine Fotoreise in die Vergangenheit

Der 7. Mai 1189 gilt als offizielle Geburtsstunde des Hamburger Hafens. In einem auf diesen Tag datierten Freibrief des deutschen Kaisers Friedrich Barbarossa wurden den Hamburgern wichtige Privilegien wie die zollfreie Nutzung der Elbe bis zur Nordsee zugesichert. Heute ist bewiesen, dass die Urkunde eine Fälschung ist. Mit dem Schriftstück hebelten die gewieften Hamburger im 13. Jahrhundert das Zollrecht der damals bedeutenderen Handelsstadt Stade aus. Im Jahr 1321 trat Hamburg dem Städtebund der Hanse bei und erlebte einen rasanten wirtschaftlichen Aufschwung. Heute ist der Hamburger Hafen der größte Seehafen Deutschlands und Europas größter Eisenbahnhafen mit exzellenten Verbindungen ins Hinterland.

Die Hamburger Speicherstadt wurde 1888 durch Kaiser Wilhelm II. eingeweiht. Der Lagerhauskomplex war im Freihafen entstanden, da hier weiterhin Zollfreiheit galt, nachdem sich Hamburg im selben Jahr dem Zollgebiet des Deutschen Reiches angeschlossen hatte. (HHLA/Gustav Werbeck)

Eine Viermastbark der Reederei F. Laeisz fährt an einem Wintertag elbaufwärts. Frachtsegler waren noch bis Mitte des 20. Jahrhunderts gelegentlich im Hamburger Hafen anzutreffen. (HHLA/Gustav Werbeck)

Luftaufnahme der Deutschen Werft in Hamburg Finkenwerder im Jahr 1932. Der Tankerneubau FRANZ KLASEN liegt auf dem Helgen. An dieser Stelle befindet sich heute der Rüschpark. (Archiv HHLA)

Im Segelschiffhafen haben um 1930 die Frachtsegler PAMIR (links) und PARMA festgemacht. Schuten liegen längsseits der PAMIR und löschen die Ladung. (Archiv HHLA)

Das Dampfschiff BARMBEK der Reederei Knöhr & Burchard um 1937. (HHLA/Gustav Werbeck)

Die MONTE ROSA der Reederei Hamburg Süd hat an Holzdalben im Strom festgemacht. Davor fährt eine Barkasse mit Hafenarbeitern in Richtung Baumwall. Im Hintergrund erkennt man den Kaispeicher A von 1875. An dieser Stelle wurde ab 1963 ein neuer Kaispeicher A errichtet, der später in den Bau der Elbphilharmonie einbezogen wurde. (HHLA/Gustav Werbeck)

Die Überseebrücke wurde 1927 im Auftrag der Hamburg Süd für Passagierschiffe nach Übersee errichtet. Hier liegen um 1930 die ATLANTIS (links) und die MONTE ROSA. (Archiv HHLA)

Eine Dampflok mit Güterzug an der Versmannstraße im Jahr 1964. Bis heute ist die Hafenbahn ein unverzichtbarer Teil des Warentransports von und zu den Terminals. (HHLA/Gustav Werbeck)

Um 1960 läuft hier die HANSEATIC der Hamburg-Atlantik Linie in den Kaiser-Wilhelm-Hafen ein. (HHLA/ Gustav Werbeck)

Die Eisenbahnfähre FÄHRSCHIFF II überquert mit einigen Güterwaggons den Köhlbrand. Das Trajekt war bis zur Eröffnung der Köhlbrandbrücke 1974 die einzige direkte Verbindung von Waltershof nach Steinwerder. (HHLA/ Gustav Werbeck)

1964 liegen die Stückgutfrachter ESSEN der HAPAG und BIRKENFELS der Deutschen Dampfschifffahrts-Gesellschaft „Hansa" im Oderhafen. (HHLA/Gustav Werbeck)

Im Mai 1968 wird das erste Vollcontainerschiff, die AMERICAN LANCER, im Hamburger Hafen mit Wasserfontänen begrüßt. (HHLA/Gustav Werbeck)

Blick in den Waltershofer Hafen mit dem HHLA Container Terminal Burchardkai (links) und dem EUROGATE Container Terminal Hamburg. Im Hintergrund die Köhlbrandbrücke.

HHLA und EUROGATE

Die großen Terminalbetreiber im Hamburger Hafen

Die Konkurrenten HHLA und EUROGATE betreiben in Hamburg die vier Containerterminals. Mehrfach wurden Gespräche über eine mögliche Zusammenarbeit der beiden Unternehmen geführt – bislang ohne Erfolg.

Am 7. März 1885 wurde in der Hansestadt Hamburg die Hamburger Freihafen-Lagerhaus-Gesellschaft (HFLG) gegründet. Ihre Aufgaben waren die Planung, der Bau und der Betrieb eines hochmodernen Lagerhauskomplexes – dem heutigen UNESCO Welterbe Hamburger Speicherstadt. Die HFLG war der Vorläufer der heutigen HHLA (Hamburger Hafen- und Lagerhaus-Aktiengesellschaft, seit 2005 Hamburger Hafen und Logistik AG). An den Aktien des börsennotierten Unternehmens hielt die Freie und Hansestadt Hamburg im Jahr 2024 einen Anteil von rund 70%. Künftig soll die schweizerische Reederei Mediterranean Shipping Company S.A. (MSC) 49,9% der HHLA übernehmen. Die Stadt Hamburg behält 50,1%. Die HHLA betreibt in Hamburg derzeit drei der vier Containerterminals. Dazu zählen Burchardkai (CTB), Tollerort (CTT) und Altenwerder (CTA). Lediglich der EUROGATE Container Terminal Hamburg (CTH) gehört nicht dazu. Betreiber dieser Anlage ist EUROGATE, ein Zusammenschluss der Hamburger Eurokai GmbH & Co. KGaA und der Bremer BLG Logistics Group AG & Co. KG. Die Gründung von EUROGATE erfolgte im September 1999. Beide Partner brachten sich zu gleichen Teilen ein.

Die Hamburger HHLA und die Bremer EUROGATE betreiben außerhalb Hamburgs zudem weitere Terminals in verschiedenen Ländern, beispielsweise in Estland, der Ukraine und Italien.

Das Wasserschloss – berühmtestes Fotomotiv der Hamburger Speicherstadt.

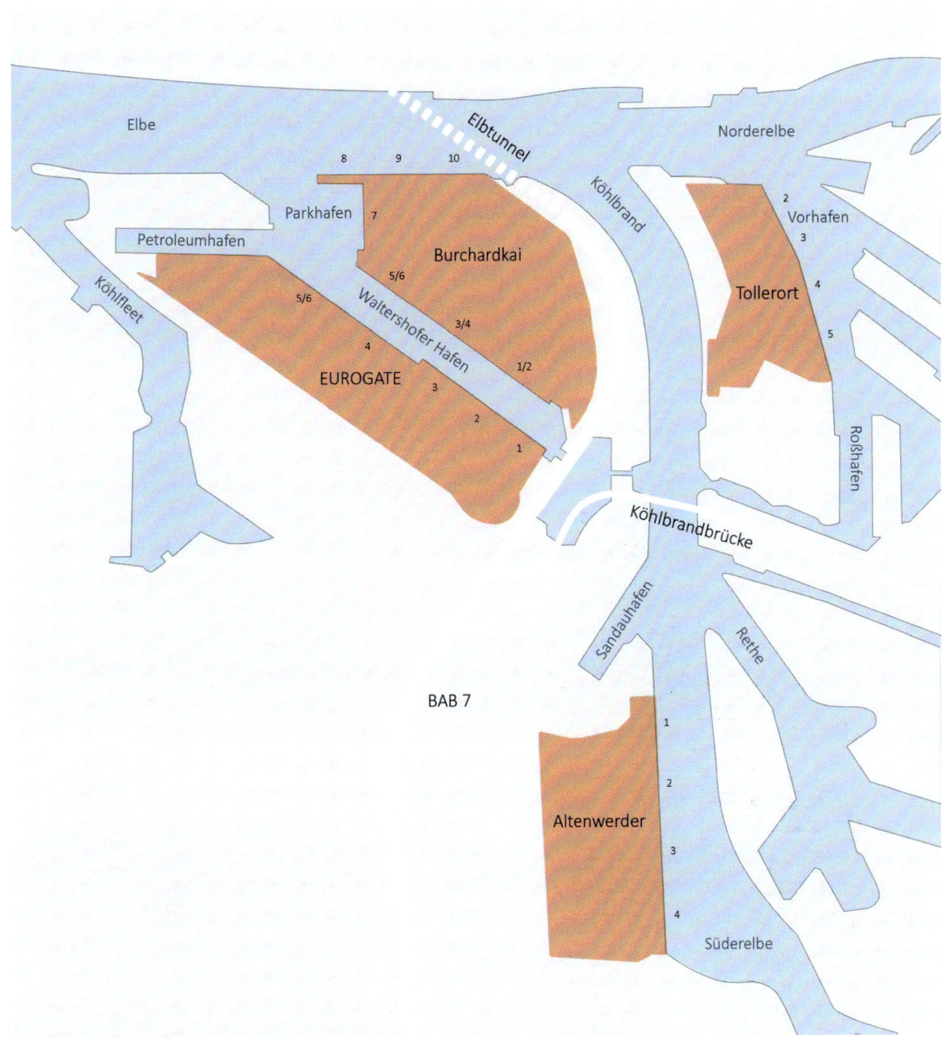

Auf dieser Karte sind die vier Containerterminals im Hamburger Hafen dargestellt. Zur besseren Übersicht sind zudem die Bundesautobahn 7, der Elbtunnel und die Köhlbrandbrücke eingezeichnet. Die Nummerierungen an den Kaikanten entsprechen den Liegeplatznummern am Terminal. (Stand: 2024)

Hamburgs erster Containerterminal

Den Anfang machte die HHLA am Burchardkai

Mit dem Anlauf des ersten Vollcontainerschiffes in Hamburg im Mai 1968 begann am Burchardkai eine neue Ära. Bis heute ist dieser der größte Containerterminal in der Hansestadt.

Am Burchardkai liegen Ende der 1960er Jahre die Containerschiffe WESER EXPRESS (NDL) und ELBE EXPRESS (HAPAG). (Archiv HHLA)

BURCHARDKAI

Handelswaren wurden in der Seefahrt bis in die Mitte des 20. Jahrhunderts als Stückgüter befördert. Das Laden und Löschen der Stückgutfrachter war dabei sehr zeitaufwendig und führte zu langen Hafenliegezeiten. Stückgüter waren meist Säcke, Fässer, Kisten oder Ballen. Diese wurden an Bord der Stückgutfrachter in großen Laderäumen gestaut. Flüssige Waren füllte man in bordeigene Tanks und Kühlladung wie tropische Früchte oder Fleisch verstaute man in speziellen Kühlräumen unter Deck.

Doch dann kam die Erfindung, welche den Warenhandel nachhaltig verändern sollte: der Container. Diesen erfand ein Amerikaner: Dem Spediteur Malcom McLean war es zu zeitaufwändig geworden, seine Waren zwischen Lkw und Schiff umzuladen. Er entwickelte daraufhin die Idee, den Auflieger direkt auf das Schiff verladen zu können. Der moderne Container war geboren. McLean verkaufte infolgedessen seine Lkw-Flotte. Von dem Erlös brachte er im April 1956 mit der IDEAL X das erste Vollcontainerschiff der Welt in Fahrt. Hierbei handelte es sich um einen umgebauten Tanker, der für den Transport von Containern hergerichtet worden war.

In den 1960er-Jahren entwickelte man exakte Normen für Container und deren Umschlag. Diese Vorgaben wurden in der ISO 668 festgehalten. Ein 20-Fuß-Standardcontainer beispielsweise ist 20 Fuß lang, acht Fuß breit und acht Fuß sechs Zoll hoch, englisch Twenty-foot Equivalent Unit, kurz TEU. Mit diesem Container wird noch heute die Ladekapazität von Containerschiffen bestimmt.

Im Jahr 1967 liegt ein Stückgutfrachter am Kaispeicher A. Das Laden und Löschen dieser Schiffe war deutlich zeitintensiver als das von Containerschiffen. (HHLA/Gustav Werbeck)

Der Container Terminal Burchardkai entwickelte sich aus einem Mehrzweckterminal. Mitte 1966 wurden hier erstmals Container umgeschlagen. (HHLA/Harald Zoch)

Zum Stauen von Containern auf einem Containerschiff gibt es weitere Normen: Unter Deck sind die Stahlboxen in so genannten cell giudes (Leitschienen) gesichert. An Deck werden die Container an den vier Eckbeschlägen (corner castings) mit Twistlocks zusammengehalten und teils durch Laschstangen befestigt.

In Deutschland hatte der Seecontainer seine Premiere am 5. Mai 1966. Das Containerschiff FAIRLAND der Reederei Sea-Land legte an diesem Tag erstmals im Bremer Überseehafen an. Es kam über den Atlantik aus Port Elizabeth/New York. An Bord hatte das Schiff rund hundert Container für Bremen geladen. Diese wurden mit einem bordeigenen System gelöscht, da es entsprechende landseitige Anlagen in europäischen Häfen noch nicht gab. Um sich für den künftigen Containerverkehr zu rüsten, errichtete die HHLA am Hamburger Burchardkai im Herbst 1967 eine erste Containerbrücke. Schon im darauffolgenden Jahr lief am 31. Mai mit der AMERICAN LANCER der Reederei United States Lines das erste Vollcontainerschiff in Hamburg ein und wurde am Burchardkai abgefertigt. Es brachte Container von der US-Ostküste.

Die weiteren Entwicklungen am Burchardkai werden anhand der nachfolgenden Bilder mit erklärenden Texten gezeigt.

Im hinteren Teil des Waltershofer Hafens erkennt man um 1965 die ersten 600 Meter Kaimauer des Burchardkais, die Ende der 1920er-Jahre errichtet wurden. (Archiv HHLA)

Im Herbst 1967 wurde am Liegeplatz 3 des Burchardkais die erste Containerbrücke errichtet. (Archiv HHLA)

Am 12. März 1968 sind die Arbeiten am neuen Liegeplatz 4 in vollem Gange. (Archiv HHLA)

Die AMERICAN LANCER bei ihrem Erstanlauf 1968 am Liegeplatz 3. (HHLA/Gustav Werbeck)

Das Vollcontainerschiff AMERICAN LANCER Ende der 1960er-Jahre am Burchardkai. (HHLA/Gustav Werbeck)

UNITED STATES LINES

Der von Coles entwickelte Container-Mobilkran erwies sich als großer Flop. Das Gerät, welches Container stapeln, transportieren und vor allem auch seitlich auf Waggons verladen sollte, war viel zu langsam und unhandlich für den Terminalbetrieb. Von 1968 bis 1969 testete man den Kran auf dem CTB. (HHLA/Friedrich Zitte)

Der Waltershofer Hafen mit Burchardkai von Nordwesten um 1970. An den beiden Liegeplätzen 3 und 4 sind bereits vier Containerbrücken in Betrieb. (Archiv HHLA)

Die AMERICAN LANCER 1969 am CTB. Im Vordergrund stehen ein Coles Mobilkran BL 30 und mehrere Portalhubwagen (Van Carrier). (HHLA/Friedrich Zitte)

Das erste Vollcontainerschiff des Norddeutschen Lloyds, die WESER EXPRESS, liegt im März 1969 am Burchard-

kai. (HHLA/Friedrich Zitte)

Erstes Anlaufen eines Containerschiffes der zweiten Generation am 12. September 1970. Die MELBOURNE EXPRESS von Hapag-Lloyd wurde im Australdienst eingesetzt. (HHLA/Friedrich Zitte)

Im Vordergrund ist im Jahr 1972 die Autobahn 7 im Bau. Im Maakenwerder Hafen (rechts) liegen Segmente des neuen Elbtunnels zum Absenken bereit. (Archiv HHLA)

Erstes Anlaufen der KAMAKURA MARU der japanischen NYK im Rahmen des Trio-Dienstes im Januar 1972. Der Trio-Dienst war ein Zusammenschluss von fünf Reedereien aus drei Nationen. Dazu zählten Hapag-Lloyd, Overseas Containers Limited (OCL), Ben Line Containers, Nippon Yusen Kaisha (NYK) und Mitsui O.S.K. Lines. Dieser Dienst verband Europa mit Fernost. (HHLA/Friedrich Zitte)

Die KAMAKURA MARU 1972 am CTB. Sie eröffnete den ersten Vollcontainer-Dienst (Trio) von Hamburg nach Fernost. (HHLA/Friedrich Zitte)

Blick von Westen auf den Burchardkai im Jahr 1973. Der Liegeplatz 7, an dem die TRICOLOR des ScanAustral-Dienstes liegt, wurde kurz zuvor für Container- und RoRo-Schiffe in Betrieb genommen. (Archiv HHLA)

Portalhubwagen

Portalhubwagen, auch Van Carrier oder Straddle Carrier genannt, sind dafür zuständig auf den Containerterminals die Container im Lager übereinanderzustapeln und auf Chassis sowie Bahnwaggons zu verladen. Die hochbeinigen Fahrzeuge fahren dazu über den Container und heben diesen mit einem so genannten Spreader (Containergeschirr) an.

Der Greifer packt dabei in die vier Eckbeschläge des Containers und verriegelt sich dann. Portalhubwagen gibt es in verschiedenen Größen. Hierbei wird die mögliche Höhe der zu stapelnden Container angegeben. Bei „3-hoch" beispielsweise können die Container in bis zu drei Lagen übereinandergestapelt werden. Die HHLA bestellte anfangs fünf Exemplare des Typs PPH 30 beim niedersächsischen Hersteller Peiner. Der Name des Herstellers wurde im Hafen noch lange als Synonym für die Carrier benutzt.

Der Portalhubwagen VC 15 setzt einen Container auf ein Chassis. (HHLA/Friedrich Zitte)

Am Liegeplatz 6 liegt im Jahr 1973 die RHINE MARU der MOL (Mitsui O.S.K. Lines). Sie verkehrte von Hamburg nach Fernost. Dahinter erkennt man die MAIN EXPRESS. Diese wurde 1972 an die Hamburger Reederei Ahrenkiel abgeliefert und lief in Langzeitcharter für Hapag-Lloyd nach Nordamerika. Im Hintergrund blickt man auf einen Pylonen der im Bau befindlichen Köhlbrandbrücke. Sie wurde am 23. September 1974 eröffnet und verband künftig die östlichen mit den westlichen Hafenbereichen sowie die Elbinsel Wilhelmsburg mit der Bundesautobahn 7. Die Brücke überspannt bis heute den an dieser Stelle 325 Meter breiten Köhlbrand. Aufgrund der zu geringen Durchfahrtshöhe von 51 Metern bei mittlerem Hochwasser und maroder Bauteile soll die Brücke abgerissen und durch einen Neubau – Brücke oder Tunnel – ersetzt werden. (HHLA/Friedrich Zitte)

Die Containerschiffe KURAMA MARU und KAMAKURA MARU der Reederei NYK 1973 am CTB. (HHLA/Gustav Werbeck)

Die CARDIGAN BAY des britischen OCL-Konsortiums liegt am 29. März 1974 am Burchardkai Liegeplatz 5. Sie wurde im Trio-Dienst nach Fernost eingesetzt. (HHLA/Friedrich Zitte)

Der Container Terminal Burchardkai im Sommer 1975 mit zwei Ostasien-Containerschiffen der Hamburg-Express Klasse von Hapag-Lloyd. Davor ein Containerschiff von OCL für den Australdienst. An den Dalben hat ein Bulkcarrier mit Getreide für die Sowjetunion festgemacht. Zwei Getreideheber saugen die Ladung aus dem Schiff und verteilen sie auf ein sowjetisches Stückgutschiff und zwei Kümos. Später zog man die Dalben des Waltershofer Hafens, um mehr Manövrierraum für Containerschiffe zu schaffen. (Archiv HHLA)

Als erste Charge einer Verschiffung von 1200 MAN-Bussen für Algerien werden am 31. Juli 1975 40 Stadtbusse für Algier auf das RoRo-Schiff LEILA über die Roll-Anlage am Liegeplatz 7 verladen. (HHLA/Friedrich Zitte)

Ein sowjetisches Semicontainerschiff im Jahr 1976 am Liegeplatz 7. An der Stromseite (Athabaskakai) wird ein weiterer Liegeplatz errichtet. Dahinter entsteht die von 1977 bis 1988 in Betrieb befindliche Massenstückgut-anlage. (HHLA/Manfred Schulze-Alex)

Erstmals ist am Burchardkai eine kurvengängige Containerbrücke aufgestellt worden. Sie kann sowohl den Liegeplatz 7 am Parkhafen als auch den Liegeplatz am Athabaskakai bedienen. Unter der Brücke am Lp 7 liegt die CORNELIA MAERSK, ein Semicontainerschiff für den Ostasien-Dienst. (HHLA/Friedrich Zitte)

Die 1977 für Mitsui O.S.K. Lines (MOL) gebaute THAMES MARU läuft 1978 rückwärts in den Waltershofer Hafen ein. Unter den Containerbrücken am Kai liegt ein Schiff der Hamburg-Express-Klasse von Hapag-Lloyd. (HHLA/ Manfred Schulze-Alex)

Am Burchardkai bot die HHLA eine Reihe von Dienstleistungen rund um den Container durch ihren M+R Betrieb (Maintenance + Repair) an. Diese Arbeiten wurden später ausgegliedert. Hier wird ein Container bis auf das blanke Metall gestrahlt, um ihn anschließend neu zu beschichten. (HHLA/Friedrich Zitte)

Am Burchardkai liegt Ende August 1981 die erst im Juni des Jahres von der Howaldtswerke-Deutsche Werft AG (HDW) in Kiel an Hapag-Lloyd abgelieferte FRANKFURT EXPRESS. Sie war zu der Zeit das größte Containerschiff der Welt und fuhr im Ostasien-Dienst der Trio-Gruppe. Die FRANKFURT EXPRESS konnte bis zu 3045 Standardcontainer (TEU) transportieren. Sie gehörte zur dritten Generation von Containerschiffen. Die erste Generation besaß eine Kapazität von etwa 750 TEU, die zweite schon rund 1500 TEU. Später folgten noch die Generationen vier (ca. 4500 TEU), fünf (ca. 5500 TEU), sechs (über 8000 TEU) und sieben (über 14.000 TEU). Die größten Containerschiffe werden heute als Ultra Large Container Ships (ULCS) bezeichnet. Das erste ULCS war 2006 die 14.770 TEU fassende EMMA MAERSK. (HHLA/Manfred Stempels)

HHLA-Vorstandsvorsitzender Helmuth Kern überreicht dem Kapitän der EVER GENIUS Chung Yen San zur Feier des Erstanlaufes einen Hamburg-Zinnteller. (HHLA/Gustav Werbeck)

Die EVER GENIUS der Evergreen Marine Corporation fuhr als erstes Schiff des neu eingerichteten Round-the-World-Dienstes Anfang September 1984 vom Burchardkai in westliche Richtung ab. Kurz darauf folgte die EVER GARDEN mit der Eröffnung des Dienstes in der Gegenrichtung, also ostwärts um den Globus. (HHLA/Gerd Liese)

HONGKONG EXPR

Ende der 1980er-Jahre liegt die HONGKONG EXPRESS von Hapag-Lloyd am Burchardkai. (Dieter Streich)

Die EVER GUARD läuft in den 1980er-Jahren in Hamburg ein. Am Kai liegt die ACT 7, die 1977 auf der Bremer Vulkan Werft gebaut wurde. (HHLA/Manfred Stempels)

1988 liegen mehrere Containerschiffe am Burchardkai. Im Vordergrund erkennt man die MAERSK ROTTERDAM und die EVER GOODS. (Gerd Klokow/Archiv OCEANUM)

Blick auf den Athabaskakai im Jahr 1995. Ab Mitte der 1990er-Jahre wurden auf dem Container Terminal Burchardkai die ersten Containerbrücken in den neuen HHLA-Farben Blau-Rot errichtet. Im Hintergrund entsteht der zehnte Liegeplatz (heute Lp 8) des Terminals auf der Landzunge am Athabaskahöft. (Kai Ortel)

Die P&O NEDLLOYD KOWLOON liegt im Jahr 1999 am Liegeplatz 10. Dieser wurde 1989 als neunter Anleger des CTB in Betrieb genommen. (Kai Ortel)

Das von einer griechischen Reederei an Hapag-Lloyd vercharterte Containerschiff CARIBIA EXPRESS steuert im Jahr 2002 den Unikai Container Terminal an. (Kai Ortel)

Unikai Container Terminal

Vom Auguste-Victoria-Kai zum Kronprinzkai

Anfangs besaß die Reederei Hapag-Lloyd eine eigene Anlage für den Containerumschlag im Kaiser-Wilhelm-Hafen. Diese wurde 1989 an die HHLA veräußert.

Der UCT in den 1990er Jahren von Westen aus gesehen. (Archiv HHLA)

Die Reederei Hapag-Lloyd richtete Anfang der 1970er-Jahre ihre Stückgutanlage am Kaiser-Wilhelm-Hafen rund um den Schuppen 73 für den Containerverkehr her. Diese Anlage bekam 1974 den neuen Namen Unikai-Terminal und wurde seitdem von der Hapag-Lloyd Tochtergesellschaft Unikai Hafenbetrieb GmbH betrieben. Im Jahr 1976 wurden an dieser Stelle zwei Containerbrücken für Vollcontainerschiffe errichtet.

In den 1980er-Jahren verlegte man aus Platzgründen die Liegeplätze an den gegenüberliegenden Kronprinzkai. Dafür bekam man von der HHLA die Schuppen 75 und 76. Im Gegenzug wurde die HHLA mit 25,1 Prozent am neuen Unikai Container Terminal (UCT) beteiligt. Im Dezember 1983 startete der Umschlag am ersten Liegeplatz. Im September 1984 wurde der neue UCT offiziell eingeweiht.

Nur rund fünf Jahre später, im Jahr 1989, veräußerte Hapag-Lloyd seine Anteile am UCT schließlich an die HHLA. Aufgrund fehlender Erweiterungsflächen wurde der Terminal im Februar 2003 geschlossen. Kurz darauf eröffnete man auf der Fläche ein Leercontainer-Zentrum. Nach dessen Schließung entstand im Jahr 2015 das Cruise Center Steinwerder auf dem Gelände des ehemaligen Containerterminals.

Die NORASIA SAMANTHA wird im Mai 1988 am UCT be- und entladen. (Gerd Klokow/Archiv OCEANUM)

Die DÜSSELDORF EXPRESS liegt am Kronprinzkai. (Hapag-Lloyd AG, Hamburg)

HHLA übernimmt den Container Terminal Tollerort

Buss veräußert sein „Tafelsilber“

Der Terminal im Jahr 1998. Bis 2010 wurde die Kaimauer für den fünften Liegeplatz nochmals nach Süden verlängert und die dahinter liegenden Flächen wurden verfüllt. Links erkennt man den Kohlenschiffhafen, der bis 2017 ebenfalls vollständig verfüllt wurde. (Archiv HHLA)

Seit 1996 wird der Container Terminal Tollerort durch die HHLA betrieben. Die Anlage war ursprünglich ein Mehrzweckterminal und erhielt bereits im Dezember 1972 für den Containerverkehr eine erste Containerbrücke und drei Van Carrier. Ein Teil des Terminals wurde Anfang der 1980er-Jahre für den Containerverkehr weiter ausgebaut. Man errichtete hier zusätzliche Containerstellplätze, sodass auf dem Gelände insgesamt bis zu 10.000 Standardcontainer gelagert werden konnten. Im Dezember 1982 wurde die Erweiterung eröffnet. Mit nun drei Containerbrücken, mehreren konventionellen Kranen und elf Van Carriern wickelte man den Betrieb auf dem Gelände ab. Bis Mitte der 1990er-Jahre stellte man schließlich den konventionellen Umschlag auf dem Terminal fast vollständig ein und konzentrierte sich überwiegend auf das Containergeschäft. Weitere Containerbrücken wurden in der Folge an der Kaikante aufgestellt. Anfangs betrieb die Lager- und Speditions-Gesellschaft den Terminal Tollerort. In den 1980er-Jahren übernahm Buss die Anlage. Nachdem der konventionelle Stückgutumschlag – das Kerngeschäft von Buss – Ende der 1980er Jahre immer weiter zurückgegangen war, war das Unternehmen gezwungen, einen harten Sanierungskurs zu fahren. Durch die kostenintensive Umstrukturierung musste Buss in der Folge einen Großteil seiner konventionellen Terminals schließen. Aufgrund fehlender Investitionsmittel veräußerte man schließlich im August 1996 schweren Herzens den Container Terminal Tollerort an die HHLA.

Der Terminal Tollerort im Jahr 1988. Ein sowjetischer Stückgutfrachter hat an der Kaimauer festgemacht. (Gerd Klokow/Archiv OCEANUM)

Im Sommer 2002 liegt das Containerschiff MING COSMOS am Tollerort Container Terminal (TCT). Später wurde der TCT in CTT (Container Terminal Tollerort) umbenannt. (Kai Ortel)

Die chinesische Staatsreederei COSCO ist bis heute einer der größten Kunden am Terminal. Am 5. September 2009 wird hier die COSCO NINGBO abgefertigt.

Der fast fertiggestellte erste Bauabschnitt des CTA im Jahr 2002. (Archiv HHLA)

Container Terminal Altenwerder

Eine der modernsten Anlagen Europas

Der bis heute modernste Containerterminal in Hamburg entstand um die Jahrtausendwende im Stadtteil Altenwerder. Am 25. Juni 2002 wurde dort mit der NEDLLOYD AFRICA das erste Containerschiff am neuen „Ballinkai" abgefertigt, bevor man die Anlagen am 25. Oktober des Jahres feierlich in Betrieb nahm. Der Container Terminal Altenwerder gehört zu 74,9% der HHLA und zu 25,1% der Reederei Hapag-Lloyd und gilt durch seinen hohen Automatisierungsgrad bis heute als eine der modernsten Anlagen ihrer Art weltweit. Allerdings musste für den Bau das Dorf Altenwerder abgerissen werden. Nur die Kirche ist bis heute erhalten geblieben. Der Containerterminal befindet sich an der Süderelbe zwischen Kattwyk-Brücke und Köhlbrandbrücke. Bis zu vier Containerschiffe mit einem maximalen Tiefgang von 15,1 Metern können an der 1400 Meter langen Kaimauer anlegen. Zum Be- und Entladen der Schiffe stehen an der Kaikante 14 Zweikatz-Containerbrücken zur Verfügung. Dahinter befindet sich das rund einen Quadratkilometer große Betriebsgelände mit 26 automatischen Lagerblöcken und einem Containerbahnhof für den kombinierten Verkehr (KV). Die Lagerblöcke fassen zusammen mehr als 30.000 Standardcontainer (davon 2200 Kühlcontainer) und werden von 26 Kranpaaren sowie 95 automatisch geführten Fahrzeugen (AGV) bedient. Der angrenzende Containerbahnhof ist mit seinen neun zuglangen Gleisen von jeweils rund 720 Metern und vier Bahnkranen einer der größten Eisenbahn-Terminals dieser Art in Europa.

Erstmals werden in Hamburg Containerbrücken per Schiff aus Fernost angeliefert. Die ZHEN HUA bringt im Jahr 2001 die neuen Brücken für Altenwerder. (HHLA/Hans Joachim Hettchen)

Bauzustand des Terminals im Jahr 1999. (Archiv HHLA)

Die Fläche des CTA wird 1998 vorbereitet, die Aufspülung ist noch nicht abgeschlossen. Mit dem Bau der Kaimauer wird begonnen. (HHLA/Thomas Hampel)

CONTA
CTA
ZPMC
25

Die YM WINNER ist mit 13.800 TEU eines der größten Schiffe, die den CTA anlaufen können. Sie verkehrt zwischen Hamburg und Ostasien via Suez Kanal.

Der Weg eines Containers

Nachdem das Containerschiff an der Kaimauer des Container Terminals Altenwerder festgemacht hat, positionieren sich zunächst die Containerbrücken und senken ihre Ausleger. Mit der daran befindlichen Hauptkatze löscht der Kranführer den Container vom Schiff und setzt ihn auf dem Arbeitsportal der Containerbrücke ab. Dort werden die Verbindungsstücke (Twistlocks) vom Hafenpersonal entfernt. Zudem wird hier noch einmal geschaut, ob der richtige Container entladen wurde.

Danach übernimmt die automatisch gesteuerte Portalkatze der Containerbrücke die Box und setzt sie vom Arbeitsportal auf eines der automatisch geführten Fahrzeuge (AGV) auf dem Terminalgelände. Dieses bringt den Container dann zu einem Lagerblock des Containerlagers. Die optimale Route des Fahrzeugs über das Gelände wird mit Hilfe einer Software berechnet. Zur Positionsbestimmung und Steuerung der wie von Geisterhand geführten Fahrzeuge nutzt man mehr als 17.000 Transponder im Boden sowie eine Empfangs- und Sendeeinheit am Fahrzeug.

Sobald der Akku eines dieser 95 batteriebetriebenen Fahrzeuge schwächer wird, fährt es selbstständig zu einer der Ladestationen. (Den letzten dieselbetriebenen AGV hat man am CTA im vierten Quartal 2023 außer Betrieb genommen.)

Mit so genannten Automated Guided Vehicles, kurz AGV, werden die Container auf dem CTA zwischen Containerbrücken und Blocklager transportiert.

In einem der 26 Lagerblöcke des Blocklagers entlädt ein Portalkran einen 40-Fuß Container von einem AGV. Zum Aufnehmen des Containers dient dem Kran ein Spreader.

Das automatisch gesteuerte Fahrzeug hat den Container zum zugewiesenen Lagerblock gebracht. Jetzt übernimmt einer der beiden automatisch gesteuerten Portalkrane den Container und bringt ihn an eine optimale Position im Lagerblock. Die beiden Krane sind unterschiedlich hoch und können somit parallel zueinander arbeiten, ohne sich mit den Auslegern zu berühren. In verkehrsschwachen Zeiten, wenn die Portalkrane nicht ausgelastet sind, optimieren sie selbstständig die Sortierung der Container im Lagerblock.

Der Weitertransport des Containers aus dem Blocklager erfolgt anschließend per Straßenfahrzeug. An das landseitige Ende des Lagerblocks fährt ein Lkw oder eine Zugmaschine mit Chassis. Letzteres dient als Shuttle zum Containerbahnhof. Mit dem Scannen einer Chipkarte bestätigt der Fahrer des Straßenfahrzeugs, dass er für den Container aufnahmebereit ist. Einer der beiden Portalkrane holt dann den Container aus dem Lagerblock und bringt ihn bis an den Rand des Lagers. Hier endet dann die automatisierte Steuerung und der Portalkran wird von einem Kranführer aus dem Bürogebäude des Terminals übernommen und ferngesteuert.

Überall, wo Menschen arbeiten und unterwegs sind, darf nicht automatisch gesteuert werden. Hier hinter der Lagergrenze arbeiten Menschen, hier kann aus Sicherheitsgründen nicht automatisch gekrant werden.

Nun ist der Container auf dem Lkw, der Fahrer des Lastwagens sichert ihn und kann das Terminalgelände wieder verlassen. Eine Umlaufzeit für einen Lkw auf dem Terminal dauert im Schnitt etwa nur 25 Minuten.

Soll der Container mit der Bahn weitertransportiert werden, übernimmt eine Zugmaschine mit Chassis die Box und bringt diese innerhalb kürzester Zeit hinüber zu einem der Aufstellplätze am Containerbahnhof. Dort nimmt einer der vier Bahnkrane mit drehbarer Katze den Container auf und verlädt ihn auf den zugewiesenen Bahnwaggon. Wenn alle Güterwagen in einem Gleis beladen sind, wird der Zug durch das Bahnpersonal geprüft. Im Anschluss daran übernimmt eine Rangierlok den Güterzug und bringt ihn zum benachbarten Rangierbahnhof.

Westlich an den Container Terminal Altenwerder schließt sich ein Güterverkehrszentrum (GVZ) an. Dort können die Güter aus den Containern sortiert und auf verschiedene Destinationen neu verteilt werden. Firmen des GVZ dürfen für ihre kombinierten Verkehre (KV) den Containerbahnhof auf dem Terminalgelände über eine separate Zufahrt mitbenutzen.

Viele Container, die den CTA über die Wasserseite erreichen, verlassen den Terminal auch wieder über diese. Auf sogenannten Feederschiffen werden die Container beispielsweise im gesamten Ostseeraum verteilt.

Blick über das Blocklager am CTA. Jeder Lagerblock hat zwei Portalkrane, die aufgrund unterschiedlicher Höhen parallel zueinander arbeiten können.

Der Containerbahnhof am CTA wurde im Jahr 2016 um zwei Gleise erweitert. Dabei blieb die Gesamtfläche unverändert, lediglich der Gleisabstand wurde verringert. Insgesamt verfügt der Bahnhof heute über neun Gleise.

Das Feederschiff EMOTION bringt die Container vom CTA durch den Nord-Ostsee-Kanal in den Ostseeraum.

P&O Nedlloyd

Die erste Ausbaustufe des Container Terminals Altenwerder im Jahr 2002. Der zweite Bauabschnitt mit den Liegeplätzen 3 und 4 wurde im Juli 2004 in Betrieb genommen. (Archiv HHLA)

Die HHLA Containerterminals im neuen Jahrtausend

Burchardkai, Tollerort und Altenwerder

Nach der Jahrtausendwende erwartete man in Hamburg einen starken Anstieg beim Containerverkehr. Jedoch blieben die Umschlagszahlen in Folge der globalen Finanzkrise 2007/08 hinter den Erwartungen zurück. Trotzdem wurden die vorhandenen Terminals weiter ausgebaut. Dafür verzichtete man auf den Bau neuer Containerterminals in Steinwerder und Moorburg.

Im Juli 2023 lief die neugebaute ONE INNOVATION (24.136 TEU) erstmals den Hamburger Hafen an. Die Farbe der Containerschiffe dieser Reederei ist inspiriert durch die japanische Kirschblüte. (HHLA/Torben Schomers)

Als eine der größten Maßnahmen an den HHLA Containerterminals im neuen Jahrtausend wurden am Burchardkai nacheinander die Liegeplätze 1 bis 6 für Großcontainerschiffe ausgebaut. Dazu errichtete man rund 22 Meter vor der alten eine neue Kaimauer. Zudem erhielten diese Liegeplätze neue Containerbrücken. Nachdem im Jahr 1999 als erster der umgebaute Liegeplatz 1 in Betrieb genommen wurde, erneuerte man anschließend ab April 2007 die Liegeplätze 2, 3/4 und 5/6. Eingeweiht wurde der zuletzt umgebaute Liegeplatz 5/6 am 26. August 2014. Zum Einsatz kommen an der mehr als 1400 Meter langen erneuerten Kaikante moderne Tandem-Containerbrücken. Diese können gleichzeitig zwei 40-Fuß- oder vier 20-Fuß-Container umschlagen.

Im Zuge dieses Ausbaus hatte die HHLA bereits im Jahr 2010 am Burchardkai den ersten automatischen Lagerblock in Betrieb genommen. In jeden dieser passen bis zu 2100 TEU. Im Endausbau sollen in 29 Lagerblöcken insgesamt rund 60.000 TEU Platz finden.

Ein größerer Umbau fand zudem von Dezember 2014 bis Anfang 2017 am Container Terminal Tollerort (CTT) statt. Hierbei wurde eine

Der Burchardkai im Sommer 2001 mit dem neuen um 22 Meter vorgezogenen Liegeplatz 1. (Archiv HHLA)

Die neuen Containerbrücken am Liegeplatz 1 des CTB hatten zwei Laufkatzen. Die zweite diente zum Absetzen der Container im Backstage Bereich. Diese Brücken waren die Prototypen für die Ausrüstung am CTA. (Archiv HHLA)

130 Meter lange Landspitze zurückgebaut, um die Einfahrt von der Norderelbe zum Vorhafen zu vergrößern. Dies schaffte mehr Manövrierraum und erweiterte das nutzbare Tide-Zeitfenster für das Ein- und Auslaufen großer Schiffe zum CTT. Nebenbei wurde mit dem ausgebaggerten Material der Kohlenschiffhafen vollständig verfüllt.

Bis Oktober 2017 nahm man am Tollerort zudem fünf neue Großschiff-Containerbrücken mit einer Auslegerlänge von 74 Metern und eine Hubhöhe von 51,5 Metern über der Kaimauer in Betrieb. Damit entstand am CTT künftig ein Liegeplatz für Containerschiffe mit mehr als 24.000 TEU Ladekapazität. Zwei weitere dieser riesigen Containerschiffe können an den Liegeplätzen 1-6 des Burchardkais parallel abgefertigt werden.

Am Container Terminal Altenwerder (CTA) wurden nach der Gesamtinbetriebnahme im Jahr 2004 keine größeren Erweiterungsmaßnahmen durchgeführt. Hauptgrund dafür ist die Durchfahrtshöhe unter der Köhlbrandbrücke, welche das Anlaufen der heute größten Containerschiffe am CTA verhindert. Trotzdem war man am Container Terminal Altenwerder nicht untätig und so wurde dieser durch verschiedene Maßnahmen nach Aussage der HHLA die weltweit erste zertifiziert klimaneutrale Umschlaganlage für Container.

Vor dem Container Terminal Altenwerder wird das Containerschiff HANOVER EXPRESS der Reederei Hapag-Lloyd im April 2009 gedreht. (Ralf Gierke)

Ausblick

Künftig sollen an allen drei HHLA Containerterminals Landstromanlagen die Schiffe während der Liegezeiten mit Landstrom versorgen. So können die Emissionen im Hafen deutlich reduziert werden, da die Dieselaggregate der Containerschiffe, die normalerweise den Strom an Bord erzeugen, abgestellt werden können. Bereits im Oktober 2023 wurde am Container Terminal Tollerort ein erster Testlauf erfolgreich durchgeführt. Dabei erhielt die COSCO SHIPPING TAURUS bei einem so genannten Schiffsintegrationstest Landstrom von der neu errichteten Landstromanlage. Weiterhin plant die HHLA am Container Terminal Burchardkai die Containertransporte zwischen den Containerbrücken der Liegeplätze 1 bis 6 und dem Blocklager zu automatisieren. Dafür sollen, wie in Altenwerder, automatisch gesteuerte Fahrzeuge (AGV) eingesetzt werden. Im Jahr 2025 will die HHLA 116 mit Ökostrom betriebene AGVs des finnischen Herstellers Konecranes auf dem Burchardkai in Betrieb nehmen. Die bisher dort eingesetzten Van Carrier kommen dann nur noch an den Liegeplätzen 7 bis 10 und am Containerbahnhof zum Einsatz. Durch das neue AGV-System benötigt der CTB weniger Personal, welches aber laut HHLA nicht entlassen, sondern für neue Jobs ausgebildet und weiterqualifiziert werden soll.

Für den Container Terminal Altenwerder baut die Firma Liebherr derzeit in Irland neue ferngesteuerte Containerbrücken.

Am Athabaskakai des Container Terminals Burchardkai liegen am 5. Februar 2012 drei Containerschiffe. Vorne erkennt man die EVER STRONG und die OOCL MONTREAL.

Die CMA CGM CALLISTO im Juli 2013 am CTB. Die französiche Reederei CMA CGM entstand 1999 aus den Reedereien Compagnie Maritime d'Affrètement (CMA) und Compagnie Générale Maritime (CGM). (Kai Ortel)

Im September 2006 wurde am CTB ein neuer Containerbahnhof mit acht Gleisen eröffnet. An diesem können bis zu 740 Meter lange Ganzzüge abfertigt werden. Hier rangiert im September 2014 die Lok „Hamburg" der HHLA-Tochter Metrans. (HHLA/ Anke Maurer)

295 092-1
HHLA
METRANS
Hamburg
Hamburg
Praha
Plzeň

Ein Van Carrier im Juli 2015 auf dem Burchardkai. Im Hintergrund erkennt man bereits die ersten automatischen Lagerblöcke des Blocklagers. Davor befinden sich noch die konventionellen Containerlager. (HHLA/Anke Maurer)

Im Mai 2008 eröffnete man am Container Terminal Tollerort einen neuen Containerbahnhof mit kurvengängigen Portalkranen. Hier zu sehen im Sommer 2015. (HHLA/Anke Maurer)

Die CAP SAN ANTONIO liegt im Spätsommer 2016 am CTB. Das Schiff verkehrte für Hamburg Süd zwischen Europa und Südamerika. Sie zählt zu den größten Kühlcontainerschiffen der Welt. (Kai Ortel)

Das Containerschiff THESEUS von Costamare im November 2016 am CTT. Auch hier kamen im Laufe der Zeit größere Containerbrücken zum Einsatz. (HHLA/Dr. Thomas Koch)

Am CTT wird im Juni 2016 mit dem Material vom Rückbau der Tollerortspitze der Kohlenschiffhafen verfüllt. (HHLA/Anke Maurer)

Am Burchardkai erkennt man im April 2017 die bis 2014 vorgebaute neue Kaimauer. Am Kai liegen die Schiffe CMA CGM ALEXANDER VON HUMBOLDT und SAN CLEMENTE. (Philipp Schäfer)

CSCL INDIAN OCEAN – Chronik einer Bergung

Am Mittwoch, den 3. Februar 2016, lief das Containerschiff CSCL INDIAN OCEAN gegen 22 Uhr in der Elbe Höhe Grünendeich auf Grund. Verletzt wurde niemand. Noch in der Nacht versuchten Schlepper bei Hochwasser das Schiff zurück in die Fahrrinne zu ziehen. Doch der Versuch scheiterte. Am Donnerstagmittag blieb ein zweiter Schleppversuch ebenfalls ohne Erfolg. In den Abendstunden begann schließlich ein Bunkerschiff damit, Teile des Treibstoffes von der CSCL INDIAN OCEAN abzupumpen, um das Schiff bis auf die nötigsten Betriebsstoffe zu leichtern.

Am Samstagnachmittag starteten Baggerschiffe damit, den Boden rund um den Havaristen abzutragen. Am Montag, den 8. Februar war der Containerfrachter um rund 6506 Tonnen geleichtert. Die Baggerschiffe hatten bis dahin ca. 65.000 Kubikmeter Schlick an der Steuerbordseite, am Heck und im Bugbereich abgetragen. Das folgende nächtliche Hochwasser wurde mit +122 cm über dem Mittleren Hochwasser erwartet und war darum besonders günstig für den Bergungsversuch. Bis Mitternacht machten schließlich zwölf Schlepper mit einem Gesamtpfahlzug von 1085 Tonnen am Havaristen fest. Von 2 bis 6 Uhr am Dienstagmorgen wurde die Elbe zwischen Tonne 111 (Nordspitze Lühesand) und Tonne 125 (Höhe Schulau) für den Schiffsverkehr gesperrt.

Um kurz nach zwei Uhr ordnete der On-Scene-Coordinator des Havariekommandos den Beginn des Schleppversuches an. Um 2:06 Uhr war die CSCL INDIAN OCEAN achtern frei und gegen 2:20 Uhr war das Containerschiff wieder im Fahrwasser. Anschließend wurde das Schiff von fünf Schleppern in den Hamburger Hafen gebracht.

Aus dem Abschlussbericht der Bundesstelle für Seeunfalluntersuchung geht hervor, dass eine falsche Verkabelung innerhalb des zusätzlich eingebauten Sicherheitssystems „Safematic" für die Havarie verantwortlich war. Die Aktivierung dieses Systems habe die Ruderanlage blockiert.

Die auf Grund gelaufene CSCL INDIAN OCEAN am 7. Februar 2016.

Hapag-Lloyd
EVERGREEN
TRITON
TEREX
HHLA
326
CMA CGM
TEREX

Van Carrier im Einsatz. (HHLA/Anke Maurer)

Der Containerbahnhof am CTB erhielt bis Anfang 2019 zwei zusätzliche Gleise und zwei neue Portalkrane. Der Bahnhof verfügte anschließend über zehn Gleise. (HHLA/Christian Lorenz)

Die 2012 in Dienst gestellte HAMBURG EXPRESS von Hapag-Lloyd dreht im März 2017 vor dem Container Terminal Altenwerder. (Ulf Kornfeld)

Die neue Reederei Ocean Network Express (ONE) mit ihren auffälligen magentafarbenen Schiffen existiert seit 2017 und ist ein Zusammenschluss aus NYK, MOL und "K" Line. (Kai Ortel)

Zwei AGVs begegnen sich auf dem CTA. Gut erkennt man, dass verschiedene Containergrößen problemlos geladen werden können.

Seit Juni 2023 beteiligt sich die chinesische Staatsreederei COSCO trotz anfänglicher politischer Bedenken mit 24,99% am Container Terminal Tollerort. Wichtig war der Bundesregierung hierbei, dass COSCO mit einem Anteil von weniger als 25% keine Entscheidungsrechte in Bezug auf den Terminal hat. Auf dem Bild liegt die COSCO SHIPPING NEBULA im September 2023 am CTT unter den Großschiff-Containerbrücken.

ER TERMINAL TOLLERORT
TERMINAL TOLLERORT
MINAL TOLLERORT
NAL TOLLERORT
L TOLLERORT

Erstmals läuft mit der MANILA EXPRESS am 18. September 2023 ein Neubau der neuen Hamburg-Express-Klasse von Hapag-Lloyd in Hamburg ein.

Nachdem die Reederei Hamburg Süd im Jahr 2017 von Maersk übernommen wurde, gab man im Januar 2023 bekannt, dass nun auch die Marke Hamburg Süd verschwinden werde. Die CAP SAN SOUNIO war am 29. August 2023 noch in Rot unterwegs, wird aber künftig das Maersk-Blau tragen.

Elbvertiefung

Etwa zwei Jahrzehnte Planung waren dem Projekt Elbvertiefung vorausgegangen, als im Juli 2019 die ersten Baggerschiffe ihre Arbeit aufnahmen. Nach knapp zwei Jahren war die Unterelbe schließlich im Frühjahr 2021 auf ihren gut 100 Kilometern zwischen Hamburg und der Nordsee um rund einen Meter vertieft worden. Die Baggerschiffe hatten ihren Auftrag erledigt. Da sich die Unterwasserböschungen jedoch noch leicht verändern konnten, wartete man mit der endgültigen Freigabe für die großen Containerschiffe noch bis zum 24. Januar 2022 ab. Dann aber konnten die „größten Pötte" tideunabhängig mit bis zu 13,1 Metern Tiefgang und auf der Flutwelle mit bis zu 14,1 (einkommend sogar 15,4) Metern Tiefgang die Unterelbe befahren. Allerdings haben die größten Containerschiffe heute vollbeladen bereits einen Tiefgang von über 16 Metern und können Hamburg somit nur teilbeladen erreichen. Kurz nach Freigabe der tieferen Fahrrinne im Januar 2022 wurde allerdings bekannt, dass die Solltiefen nicht dauerhaft gehalten werden konnten. Schlagartig hatte sich der Sedimenteintrag von der Nordsee durch die höhere Fließgeschwindigkeit im Flusslauf erhöht. Die Folgen waren Verschlickung und Mindertiefen, die von den Behörden an die Schifffahrt übermittelt wurden. Die großen Schiffe müssen nun quasi im Slalom die Untiefen umfahren und ihren Tiefgang durch weniger Ladung reduzieren. Um der Verschlickung entgegenzuwirken, kamen erneut eine große Anzahl von Baggerschiffen zum Einsatz. Im Jahr nach der Freigabe der Fahrrinne wurden dafür rund 40 Millionen Kubikmeter Schlick ausgebaggert. Während der regulären Elbvertiefung waren es hingegen nur etwa 30 Millionen Kubikmeter.

Vor Wedel errichtete man eine Schiffs-Begegnungsbox für eine addierte Begegnungsbreite von 104 Metern. Das Baggerschiff VOX ARIANE baggert hier im Juli 2023 gegen die Verschlickung an.

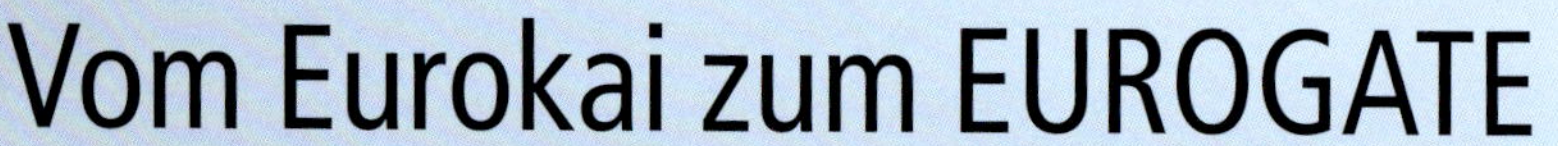

Vom Eurokai zum EUROGATE

Hamburgs zweiter Containerterminal

Den EUROGATE Container Terminal Hamburg sieht man als Autofahrer kurz vor dem Elbtunnel. Hier liegen oft die großen Containerschiffe zum Greifen nah unter den mächtigen Containerbrücken.

Die MSC MAYA wird im April 2017 mit Schlepperunterstützung an den Liegeplatz 1/2 des EUROGATE Container Terminals Hamburg gebracht. (Philipp Schäfer)

Am 24. Juni 1969 eröffnete Kurt Eckelmann, Chef des Unternehmens Eurokai KGaA, am Predöhlkai Hamburgs zweiten Containerterminal. Dieser entstand am südlichen Ufer des Waltershofer Hafens, gegenüber dem Burchardkai. Anfangs fertigte man am Predöhlkai überwiegend konventionelle Stückgutfrachter ab. Erst am 21. Juli 1971 legte mit der COLUMBUS ASTRALIA der Reederei Hamburg Süd das erste Vollcontainerschiff am neuen Terminal an.

Zu Beginn besaß der Eurokai Terminal lediglich zwei miteinander koppelbare konventionelle 25-Tonnen-Schwergutkrane. Eine erste Containerbrücke wurde Anfang der 1970er-Jahre errichtet.

Mit der skandinavisch-niederländischen Reedereigruppe ScanDutch holte Kurt Eckelmann im Jahr 1972 schließlich den ersten regelmäßigen Containerdienst an sein Terminal. Dieser Dienst bediente von Hamburg aus verschiedene Häfen in Ostasien. Als erstes Schiff des Dienstes kam 1972 die schwedische NIHON in die Hansestadt.

Eine große Besonderheit auf dem Terminalgelände war die 1975 errichtete Containerstapelanlage. Mit dieser konnten auf 15.000 Quadratmetern etwa 3080 Standardcontainer vierfach übereinandergestapelt zwischengelagert werden. Die Krane der Anlage überspannten mit ihren Auslegern zudem auf der einen Seite des Lagers zwei Ladegleise und auf der anderen Seite Lkw-Ladespuren.

Ende der 1970er-Jahre errichtete man aufgrund von Platzmangel etwas weiter südlich,

Ein Stückgutfrachter liegt um 1970 am Predöhlkai. (Archiv HHLA)

Blick im Jahr 1981 von Südosten auf den Eurokai Terminal. Links davon der Griesenwerder Hafen, rechts der Waltershofer Hafen. (Staatsarchiv Hamburg [C2026_09])

abseits der Wasserkante, den Eurokai-Landterminal. Auf diesem wurden unter anderem Container ein- und ausgepackt sowie Leercontainer gelagert.

In den 1980er-Jahren übernahm Eurokai das Terminalgelände von Holzmüller auf der Spitze der Landzunge zwischen Griesenwerder Hafen und Waltershofer Hafen. Auf diesem Gelände wurde kurz darauf der Containerterminal erweitert. An der Wasserseite zum Waltershofer Hafen entstanden zudem neue Liegeplätze. Zusätzlich schüttete man einen Teil des Griesenwerder Hafens zu, um weitere Lagerflächen für Container herzustellen.

Ab Mitte der 1990er-Jahre verfüllte man den Griesenwerder Hafen dann vollständig. Hier entstanden abermals neue Flächen für den Containerumschlag und weitere Liegeplätze. Zudem wurden die ehemals von BP genutzten Flächen am Petroleumhafen in die Erweiterung einbezogen. Die Kaikante am Predöhlkai hatte Anfang der 2000er-Jahre schließlich eine Länge von über zwei Kilometern erreicht.

Um weiter wettbewerbsfähig zu bleiben, schlossen sich im September 1999 die Hamburger Eurokai und die Bremer BLG Logistics Group zusammen und gründeten gemeinsam EUROGATE. EUROGATE betreibt heute unter anderem Containerterminals in Hamburg, Bremerhaven und Wilhelmshaven.

Kurz darauf, im Jahr 2002, eröffnete man im westlichen Teil des Hamburger Terminals einen neuen Containerbahnhof. Dieser wird gemeinsam von EUROGATE und Kombiverkehr unter dem Namen EUROKOMBI betrieben. Bis Ende 2009 erweiterte man die Anlage auf insgesamt elf Gleise.

Von Anfang 2004 bis Mitte 2010 wurden am Predöhlkai die Liegeplätze 1 bis 3 modernisiert. Hierbei wurde 35 Meter vor der alten eine neue Kaimauer errichtet. Auf dieser wurden anschließend neue, größere Containerbrücken aufgestellt. Hier konnten künftig die ganz großen Containerschiffe abgefertigt werden. Ein weiterer Liegeplatz für Großcontainerschiffe entstand zu Beginn der 2020er-Jahre. Hierfür wurden am Liegeplatz 5/6 bis April 2021 insgesamt sechs neue Containerbrücken vom Hersteller Liebherr Container Cranes mit einer Hubhöhe von 53,5 Metern über der Kaimauer in Betrieb genommen.

Um künftig Emissionen während der Liegezeiten der Containerschiffe am EUROGATE Container Terminal Hamburg einsparen zu können, gingen im Mai 2024 an den Liegeplätzen 1/2 sowie 3 und 6 drei verfahrbare Übergabestationen für Landstrom in Betrieb.

Des Weiteren ist seit 2005 eine Westerweiterung des Terminals geplant. Dabei soll die Terminalfläche um rund 38 Hektar erweitert und 1059 Meter neue Kaimauer in Richtung Elbe/Bubendey-Ufer errichtet werden. Der bestehende Wendekreis würde dadurch von 480 Meter auf 600 Meter vergrößert.

Im Jahr 2002 schaut man von Südosten auf den EUROGATE Terminal. Der Griesenwerder Hafen ist mittlerweile vollständig verfüllt und überbaut. (Archiv HHLA)

Im März 2009 erkennt man hinter dem Feederschiff MERWEDIJK den Neubau der Kaimauer am Liegeplatz 3. Die Baumaßnahme wurde 2010 abgeschlossen.

Am 23. Juli 2013 liegen am Predöhlkai die Containerschiffe NINGBO EXPRESS und MSC LAUSANNE sowie das Feederschiff EILBEK. (Kai Ortel)

Die MSC SORAYA gehört zur schweizerischen Reederei Mediterranean Shipping Company (MSC). Hier liegt das Containerschiff am 14. Juni 2009 am EUROGATE.

MSC SORAYA

Bei einer großen Hafenrundfahrt fährt man ganz dicht an den Containerschiffen im Waltershofer Hafen vorbei. Hier liegt im Juni 2015 die HANJIN HARMONY am Predöhlkai. (Kai Ortel)

Die METTE MÆRSK ist ein Containerschiff der so genannten Triple-E-Klasse der dänischen Reederei Maersk. Hier liegt sie im September 2017 am Predöhlkai Liegeplatz 1/2.

Am 27. Juni 2019 liegen im Waltershofer Hafen die Containerschiffe CMA CGM ALEXANDER VON HUMBOLDT, CMA CGM CORTE REAL und MAERSK HORSBURGH. (Kai Ortel)

Mehrzweckterminals

Im Hamburger Hafen gab und gibt es auch abseits der großen Containerterminals Abfertigungsmöglichkeiten für Containerschiffe. So verfügten beispielsweise der Hansa Terminal am Sthamerkai und der Afrika Terminal zwischen Petersenkai und Kirchenpauerkai über eigene Containerbrücken. Der Mehrzweckterminal O'Swaldkai nutzt bis heute, vorwiegend für ConRo-Schiffe, mehrere Containerbrücken. ConRo-Schiffe können sowohl Fahrzeuge als auch Container transportieren und sind eine Verbindung aus RoRo-Schiff und Containerschiff. Die Fahrzeuge rollen dabei über eine Laderampe an Bord dieser Frachtschiffe. Die Verladung von Containern erfolgt wie bei Vollcontainerschiffen.

Außerdem laufen regelmäßig Kühlcontainerschiffe den O'Swaldkai an. Sie beliefern hauptsächlich das dort auch ansässige HHLA Frucht- und Kühl-Zentrum. Hier werden jährlich etwa 500.000 Tonnen Bananen und knapp 80.000 Tonnen Äpfel, Ananas, Weintrauben, Zitrusfrüchte oder Kartoffeln gelöscht. Kamen die Südfrüchte früher vorwiegend in Kühlschiffen, werden sie heute in Kühlcontainern (Reefer) transportiert. Für sie verfügt HHLA Frucht über mehr als 300 Anschlüsse.

Das ConRo-Schiff GRANDE DAKAR der italienischen Reederei Grimaldi Lines liegt am 11. August 2021 am O'Swaldkai. Sie kann sowohl Container als auch rollende Ladung transportieren. (Marcus Schröder)

Die unterschiedlichen Container

Am weitesten verbreitet sind in der Schifffahrt die 20-Fuß-Standardcontainer sowie die 40-Fuß-Container. In der Fachsprache werden sie als TEU (Twenty Foot Equivalent Unit) und FEU (Forty Foot Equivalent Unit) bezeichnet. In der Regel haben diese Container eine Breite von 8 Fuß, eine Höhe von 8 Fuß 6 Zoll sowie eine Länge von 20 bzw. 40 Fuß. Für voluminöse oder sperrige Fracht nutzt man so genannte High Cube Container. Sie sind im Vergleich zu Standardcontainern einen Fuß (ca. 30 cm) höher. Es gibt sie überwiegend in den Längen 40 und 45 Fuß. Für den Transport von Schwergut, übergroßer Ladung und Projektladung gibt es weitere Sonderbauformen: Der Flatrack Container besitzt weder Dach noch Seitenwände, der Open Top Container wird oben mit einer Plane verschlossen und der Hardtop Container verfügt über ein abnehmbares Dach.

Um flüssige Produkte transportieren zu können, werden Tankcontainer verwendet. Dabei ist der Tank in einen Stahlrahmen gefasst, der den gängigen Containerabmessungen entspricht.

Zur Beförderung temperatursensibler Waren kommen Kühlcontainer, auch Reefer genannt, zum Einsatz. Für diese gibt es an Bord spezielle Stellplätze mit Stromanschluss. Bei einer maximalen Außentemperatur von 50°C wird beispielsweise bei Hapag-Lloyd eine konstante Ladungstemperatur zwischen -35°C und +30°C eingehalten.

Hier kann man die Größenunterschiede anhand der grünen 20-Fuß-Container und der orangenen, doppelt so langen 40-Fuß-Container gut erkennen.

Hapag-Lloyd
We care

Taufe der BERLIN EXPRESS

Deutschlands größtes Containerschiff

Am 2. Oktober 2023 wurde am Burchardkai die neue BERLIN EXPRESS der Reederei Hapag-Lloyd getauft. Das Schiff ist 399 Meter lang und 61 Meter breit. Es ist das erste von zwölf neuen Großcontainerschiffen der Reederei und kann 23.664 Standardcontainer (TEU) transportieren. Taufpatin war Elke Büdenbender, Frau von Bundespräsident Frank-Walter Steinmeier.

Die BERLIN EXPRESS lief am 26. September 2023 erstmals den Hamburger Hafen an. Nach der Abfertigung am Liegeplatz 5/6 des Burchardkais verholte das Schiff drei Tage später zum Athabaskakai. Blick vom Parkhafen auf das Festgelände für die Taufzeremonie.

Die Taufpatin Elke Büdenbender durchtrennt eine Schnur und löst damit die Konstruktion mit der Sektflasche am Schiff aus.

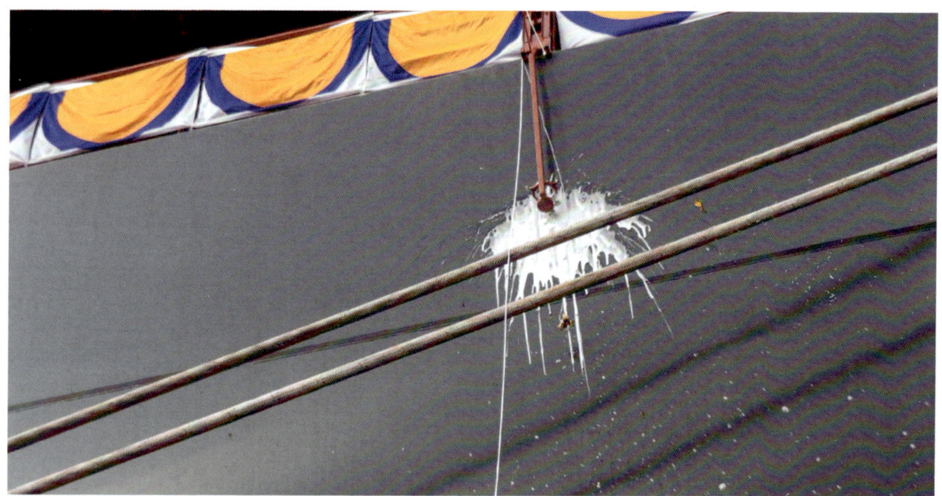

Die Sektflasche zerschellt erfolgreich am Rumpf der BERLIN EXPRESS. In der Regel erhält ein neues Flaggschiff bei Hapag-Lloyd den Namen HAMBURG EXPRESS. Jedoch fanden die Feierlichkeiten zum Tag der Deutschen Einheit im Jahr 2023 in der Hansestadt Hamburg statt. Grund genug dem neuen Flaggschiff als Zeichen der Wiedervereinigung den Namen BERLIN EXPRESS zu geben.

Die Taufpatin Elke Büdenbender vor „ihrem" Schiff.

Rolf Habben Jansen (Hapag-Lloyd), Hyek Woong Kwon (Werftchef), Kapitän Michael Kowitz, Elke Büdenbender, Michael Behrendt (Hapag-Lloyd), Angela Titzrath (HHLA) und Peter Tschentscher (Erster Bürgermeister).

Kapitän Michael Kowitz und Taufpatin Elke Büdenbender am Athabaskakai vor der BERLIN EXPRESS.

Nach der Taufzeremonie ging es für eine Besichtigung über einen eigens errichteten Turm aus Containern und eine Gangway in schwindelerregender Höhe an Bord der BERLIN EXPRESS.

Die Kommandobrücke des Containerschiffs liegt rund 50 Meter über der Wasserlinie. Zur Navigation werden hier statt Papier- nur noch digitale Seekarten verwendet.

Die Hauptmaschine vom Typ Hyundai-MAN 11G95ME-C10.5-GI x 1-set treibt mit 58.270 Kilowatt über die Propellerwelle den Propeller an. Hierbei arbeiten elf Zylinder mit einem Durchmesser von jeweils 0,95 Metern und einem Kolbenhub von 3,46 Metern im Inneren. Das Besondere dabei ist die Dual-Fuel-Technologie. Das Schiff kann mit Flüssigerdgas (LNG) fahren, ist aber auch darauf vorbereitet, zukünftige nicht-fossile Brennstoffe wie e-Methan zu nutzen. Auch der Betrieb des Schiffes mit konventionellem Marinediesel ist möglich.

Die BERLIN EXPRESS machte sich am Tag nach der Taufe auf den Weg nach Fernost. Die nächsten Anlaufhäfen waren Antwerpen, Southampton, Algeciras und Singapur.

Kapitän Karsten Metzner aus Berlin. Zwei Kapitäne haben abwechselnd für jeweils rund drei Monate das Kommando an Bord der BERLIN EXPRESS.

Auf dem Weg zum Job. Voraus findet am Feederschiff EMOTION ein Lotsenwechsel statt.

Hafenschlepper im Einsatz

Containerschiff an der „Leine"

Die FAIRPLAY XV ist einer von fünf in Hamburg stationierten Schleppern der Reederei Fairplay Towage. OCEANUM durfte die FAIRPLAY XV und ihre Mannschaft bei einem Job im Hamburger Hafen begleiten.

Gegen 13 Uhr legt die FAIRPLAY XV von der Neuen Schlepperbrücke ab und fährt elbabwärts der MAERSK BALI entgegen.

Die MAERSK BALI ist 223,5 Meter lang, 32,3 Meter breit und hat einen maximalen Tiefgang von 10,8 Metern. Ihre Ladekapazität beträgt 2787 Standardcontainer.

Es ist Mittwoch, der 14. Dezember 2022. Die Uhr zeigt kurz vor 12 Uhr. Über Hamburg liegt ein Hochdruckgebiet und beschert der Hansestadt an diesem Wintertag strahlenden Sonnenschein. Doch die Temperaturen bewegen sich knapp unter dem Gefrierpunkt. Die Neue Schlepperbrücke im Stadtteil Neumühlen ist an einigen Stellen leicht vereist. Vorsicht ist hier geboten, um nicht in die eiskalte Elbe zu stürzen. Im hinteren Bereich der Pontonbrücke liegt der Schlepper FAIRPLAY XV. Er gehört zur Fairplay Towage Group, die im Jahr 2017 mit der Reederei Bugsier fusioniert hat.

Der Job: MAERSK BALI zum EUROGATE

Jener Mittwoch im Dezember ist für die Besatzung des Schleppers ein besonderer Tag. Es findet der Crewwechsel statt. Eine Mannschaft des Schleppers hat immer zwei Wochen Dienst, die andere zwei Wochen frei. Anschließend wird gewechselt. Diesen Rhythmus zieht man mit Ausnahme von Urlaubstagen über das Jahr hinweg konsequent durch. Somit begeht die neue Besatzung das Weihnachtsfest an Bord. Über den Jahreswechsel ist man allerdings wieder zu Hause.

Eine Schlepperbesatzung besteht aus drei Personen: dem Kapitän, dem Maschinisten und dem Schiffsmann Deck. Die Aufgaben sind bei einem Job klar geregelt. Der Kapitän ist für Schiff und Mannschaft verantwortlich und steuert den Schlepper. Der Maschinist kümmert sich um die einwandfreie Funktion der Maschinen und bedient die Winde. Der Schiffsmann Deck übergibt die Schlepptrosse an das zu schleppende Schiff.

12.30 Uhr: Noch eine halbe Stunde bis zum nächsten Job. Zeit genug, um noch eine Kleinigkeit zu essen. Aus der Kombüse duftet es nach Erbsensuppe mit Bockwurst. Eifrig werden die Teller geleert, schließlich will man nicht hungrig losfahren.

13 Uhr: Der Kapitän gibt an den Maschinisten die Anweisung, die beiden jeweils 2850 PS starken Hauptmaschinen zu starten. Der Schlepper beginnt zu vibrieren. Schnell noch die Leinen gelöst und schon legt die FAIRPLAY XV von der Neuen Schlepperbrücke ab. Das Containerschiff MAERSK BALI zum Anleger am Container Terminal EUROGATE zu bringen, lautet die Aufgabe. Mit langsamer Fahrt voraus geht es in Richtung Airbus-Werk Finkenwerder. Dort soll das Containerschiff übernommen werden. Beim Blick durch das Fernglas wird die MAERSK BALI in Höhe Wedel ausgemacht. Es bleibt also noch etwas Zeit. Der Kapitän drückt den Bug der FAIRPLAY XV gegen einen der Dalben in Finkenwerder. So kann der Schlepper ohne große Anstrengungen im ablaufenden Elbwasser auf Position gehalten werden.

13.50 Uhr: Die MAERSK BALI meldet sich über Funk und ordert einen Schlepper am Heck. Die FAIRPLAY XV bestätigt die Anfrage und löst sich von dem Dalben. Mit langsamer Fahrt lässt der Schlepper das Containerschiff vorbeiziehen. Die MAERSK BALI bringt Container aus Valparaíso (Chile) sowie Balboa und Manzanillo (Panama). Ein Großteil der Ladung wurde bereits in den belgischen Häfen von Antwerpen und Zeebrugge gelöscht.

Langsam setzt sich die FAIRPLAY XV an das Heck der MAERSK BALI und nähert sich bis auf wenige Zentimeter dem Containerschiff. An Deck des Frachters bereiten zwei Besatzungsmitglieder die Übergabe der Wurfleine vor. Mit dieser wird anschließend die Schlepptrosse des Schleppers an Bord des Containerschiffes gezogen und dort an einem Poller befestigt.

In Höhe Rüschpark sind Schlepper und Containerschiff verbunden. Der Maschinist lässt die Winde ablaufen, sodass sich der Schlepper auf den nötigen Abstand zurückfallen lassen kann. Dann wird die Winde ausgekuppelt und die Bremse eingelegt. Damit ist das System arretiert und die FAIRPLAY XV kann, wenn benötigt, ihre gut 70 Tonnen Pfahlzug voll einsetzen.

Kurz darauf gibt der Hafenlotse von Bord der MAERSK BALI das Kommando zum Abbremsen des Containerschiffes. Die FAIPLAY XV reagiert sofort und gibt mächtig Zug auf die Schlepptrosse. Mit nun verringerter Geschwindigkeit dreht der Frachter in den Parkhafen ein, wo das Wendemanöver bevorsteht. Der Hafenlotse gibt nun über Funk Anweisung, die MAERSK BALI zu drehen, um rückwärts an den Anleger zu gelangen. Unverzüglich zerrt die FAIRPLAY XV mit voller Kraft am Heck des Containerschiffes und dreht es um 180 Grad. Anschließend geht es in langsamer Rückwärtsfahrt zum Liegeplatz am EUROGATE. Bis die ersten Leinen die MAERSK BALI mit der

Der Elblotse verlässt die MAERSK BALI. Auf der Brücke berät nun der Hafenlotse die Schiffsführung des Frachters.

Der Schiffsmann Deck verbindet die Schlepptrosse mit der Wurfleine. Anschließend darf sich aus Sicherheitsgründen niemand mehr an Deck aufhalten.

Nachdem Schlepper und Containerschiff verbunden sind, unterstützt die FAIRPLAY XV den Frachter beim Abbremsen und später beim Wendemanöver im Parkhafen sowie beim Anlegen am Containerterminal.

Die MAERSK BALI ist am Predöhlkai festgemacht. Die FAIRPLAY XV macht sich nun auf den Weg zurück nach Hamburg-Neumühlen.

Kaikante verbinden, bleibt der Schlepper am Heck. Dann kommt der Befehl zum Lösen der Schlepptrosse: „Leggo", schallt es vom Lotsen durch das Funkgerät. „Leggo", wird ihm vom Schlepperkapitän bestätigt. Leggo leitet sich vom englischen „let go" (zu Deutsch: „lass los") ab. Nach dem Lösen der Schlepptrosse soll die FAIRPLAY XV noch auf Standby in der Nähe des Frachters bleiben. Schon kurz darauf gibt der Lotse der MAERSK BALI die Anweisung, das Containerschiff mittschiffs an die Kaimauer zu drücken. Keine fünf Minuten später ist der Frachter festgemacht.

Nach erfolgreich absolviertem Job kehrt die FAIRPLAY XV um kurz vor 15 Uhr zur Neuen Schlepperbrücke zurück. Jetzt hat die Besatzung etwas Ruhe. Das nächste große Frachtschiff soll erst gegen 23 Uhr in Hamburg einlaufen. Beim Blick auf den Tidenkalender wird auch klar, warum: Um 15.07 Uhr ist Niedrigwasser. Bedingt durch ihren Tiefgang können große Frachtschiffe nur bei Hochwasser den Hamburger Hafen anlaufen.

Technische Daten FAIRPLAY XV

Baujahr: 2016 bei Damen, Niederlande
Länge: 24,47 Meter
Breite: 11,33 Meter
Tiefgang: 6,00 Meter
Größe: 268 BRZ
Leistung: 4250 kW, Pfahlzug: min. 70 t
Heimathafen: Hamburg

Der Schlepper FAIRPLAY XV liegt nach dem Job an der Neuen Schlepperbrücke.

Willkomm-Höft

Die Schiffsbegrüßungsanlage in Wedel

Seit über 70 Jahren werden vor den Toren Hamburgs „salutfähige" Schiffe gegrüßt. „Salutfähig" sind jene Schiffe ab einer Raumgröße von 1000 Grosstons. Diese werden täglich zwischen 11:30 Uhr und Sonnenuntergang mit der Nationalhymne und Grußworten im Hamburger Hafen empfangen oder auf dem Weg in Richtung Nordsee verabschiedet.

Das Schulauer Fährhaus wurde um 1864 erbaut und von der Familie Behnke geführt. Im Jahr 1952 errichtete Otto Friedrich Behnke hier eine Schiffsbegrüßungsanlage, die bis Ende 2011 von seinen Söhnen weiterbetrieben wurde. Im Januar 2012 wechselte der Betreiber.

Die Schiffsbegrüßungsanlage im schleswig-holsteinischen Wedel wurde im Juni 1952 feierlich eingeweiht. Seitdem begrüßte und verabschiedete man am Willkomm-Höft bereits viele hunderttausend Schiffe. In den Seekarten ist die Anlage als „Welcome Point" vermerkt.

Gute Reise

Am 22. Dezember 2023, einem grauen und stürmischen Dezembertag kurz vor Weihnachten, findet auf der Unterelbe wenig Schiffsverkehr statt. Der Grund dafür: Sturmtief „Zoltan". Dieses bescherte Hamburg eine schwere Sturmflut. Der Pegel lag am Vormittag rund 3,33 Meter über dem mittleren Hochwasser, weswegen die Ladearbeiten im Hamburger Hafen eingestellt worden waren. Um 15 Uhr sind auf der Liste des Begrüßungskapitäns in Wedel bislang nur zwei Seeschiffe vermerkt, die seit 11:30 Uhr das Willkomm-Höft passiert haben. Doch dann taucht auf dem Schiffsradar doch noch ein Schiff auf. Es ist ein ausgehender Tanker nach Rotterdam. Dieser fährt unter der Flagge Panamas. Rasch wird die Nationalhymne im Computer ausgewählt und zum Abspielen vorbereitet. Aus den rund 17.000 bereitliegenden Karteikarten wird die passende für den Tanker herausgesucht. Darauf sind neben dem Schiffsnamen auch der Schiffstyp, die Reederei bzw. der Charterer, die Bauwerft, und die Schiffsdaten wie Länge, Breite, Tiefgang, Maschinenleistung, Geschwindigkeit, Ladekapazität und Besatzungsstärke vermerkt. Als der Tanker das Willkomm-Höft passiert, beginnt die Verabschiedung. Nach einer Fanfare und dem

Begrüßungskapitän Wolfgang Adler in der Zentrale im Schulauer Fährhaus.

Die Nationalhymnen wurden ab den 1970er-Jahren von Kassetten abgespielt und lösten damit die Schallplatten ab. Heute kommen die Hymnen vom Computer. Fällt dieser allerdings aus, stehen die Kassetten auch heute noch bereit.

Die rund 17.000 Karteikarten mit den Schiffsinformationen werden laufend aktuell gehalten.

Die EVER APEX ist zusammen mit ihren Schwesterschiffen nach Ladekapazität das drittgrößte Containerschiff, das jemals im Hamburger Hafen begrüßt wurde. Sie kann bis zu 24.004 TEU transportieren.

Lied „Muss i denn zum Städtele hinaus" schallen die Worte „Hamburg wünscht Ihnen gute Reise. Wir hoffen auf ein baldiges Wiedersehen in unserem Hafen. Gute Reise." aus den Lautsprechern am Ponton. Anschließend ertönt die Nationalhymne Panamas. Am Flaggenmast werden per Knopfdruck die Hamburg-Flagge gedippt und das internationale Flaggensignal UW (Ich wünsche eine gute Reise) gehisst. Währenddessen versorgt der Begrüßungskapitän die Besucher im Restaurant des Schulauer Fährhauses mit den Schiffsinformationen, die er von der zuvor bereitgelegten Karteikarte abliest.

Begrüßung

Bei der Begrüßung eines in den Hamburger Hafen einlaufenden Schiffes ertönen Fanfare und Hamburg-Hymne „Stadt Hamburg an der Elbe Auen" und die Worte „Willkommen in Hamburg. Wir freuen uns, Sie im Hamburger Hafen begrüßen zu können. Willkommen in Hamburg!" Anschließend erfolgt die Durchsage noch einmal in der Landessprache. Die Sprachaufnahmen dafür wurden vom NDR-Reporter Hermann Rockmann im Studio Hamburg eingesprochen. Da Rockmann weder chinesisch noch japanisch aussprechen konnte, halfen ein chinesischer Küchenmitarbeiter des Fährhauses und ein Angehöriger des japanischen Konsulats aus.

Zum Abschluss jeder Schiffsbegrüßung wird wie bei der Verabschiedung die passende Nationalhymne gespielt. Die meisten Schiffe erwidern den Gruß durch das Dippen ihrer Landesflagge oder mit einem kräftigen Ton aus ihrem Signalhorn.

Platz 2 der größten Containerschiffe in Hamburg belegt die ONE INNOVATION. Sie und ihre Schwesterschiffe können jeweils bis zu 24.136 TEU befördern. (Marcus Schröder)

Das bisher größte Containerschiff, das jemals im Hamburger Hafen festgemacht hat, ist die OOCL SPAIN. Genau wie ihre baugleichen Schwesterschiffe bietet sie Platz für bis zu 24.188 TEU. (Marcus Schröder)

Heimathafen Hamburg

Die Containerschiffe von Hapag-Lloyd

In diesem Kapitel sind alle von Hapag-Lloyd bzw. den Vorgängerreedereien HAPAG und NDL selbst bestellten Vollcontainerschiffe steckbriefartig aufgeführt. Sortiert sind diese nach Klassen. Containerschiffe, die später von anderen Reedereien übernommen oder gechartert wurden, werden in diesem Kapitel nicht berücksichtigt.

Die ALSTER EXPRESS gehörte zur Elbe-Express-Klasse, den ersten Vollcontainerschiffen von HAPAG und Norddeutschem Lloyd. (Hapag Lloyd AG, Hamburg)

Am 27. Mai 1847 gründeten Reeder und Kaufleute in der Hansestadt Hamburg die Hamburg-Amerikanische Packetfahrt-Actien-Gesellschaft, kurz HAPAG. Knapp zehn Jahre später, am 20. Februar 1857, kam es in Bremen ebenfalls zur Gründung einer neuen Reederei: dem Norddeutschen Lloyd (NDL). Die beiden Konkurrenten setzten sowohl Fracht-, als auch Passagierschiffe ein. Letztere vornehmlich für Auswanderer nach Amerika. Hauptfahrtgebiet der beiden Reedereien war der Nordatlantik.

Aufgrund des aufkommenden Containerverkehrs auf den Meeren in den 1960er Jahren gründeten der Norddeutsche Lloyd und die HAPAG im Jahr 1967 den Gemeinschaftsdienst Hapag-Lloyd Container Linien. Sie bestellten zudem jeweils zwei Vollcontainerschiffe der Elbe-Express-Klasse. Das erste Schiff dieser Klasse, die WESER EXPRESS des NDL, eröffnete am 25. Oktober 1968 den ersten europäischen Vollcontainerdienst nach New York. Einige Tage später folgte die HAPAG mit ihrer ELBE EXPRESS.

Um im neuen, hartumkämpften Containergeschäft wettbewerbsfähig zu bleiben, fusionierten am 1. September 1970, rückwirkend zum 1. Januar 1970, die beiden ehemaligen Rivalen HAPAG und Norddeutscher Lloyd. Es entstand die Hapag-Lloyd AG. Obwohl beide Reedereien zum Zeitpunkt der Fusion etwa gleich groß waren, setzten sich mit der Zeit zunehmend die Hamburger durch. So wird Hapag-Lloyd heute fast ausschließlich mit Hamburg in Verbindung gebracht.

Auf den folgenden Seiten wird am Beispiel der Reederei Hapag-Lloyd die Entwicklung der Containerschiffe von der 1. Generation bis zu den heute größten Einheiten mit über 23.500 Standardcontainern (TEU) Ladekapazität aufgezeigt.

MEHR ZUM THEMA

Harald Focke: Die Fusion.
Wie der Norddeutsche Lloyd und die Hapag zusammenfanden. Wie kam es 1970 zur Fusion zwischen der Hapag und dem Norddeutschen Lloyd? Der Autor hat die letzten Zeitzeugen befragt und im Archiv recherchiert. 160 Seiten, gebunden, zahlreiche Abbildungen, Euro 19,90, www.oceanum.de

Der Stückgutfrachter LUDWIGSHAFEN wurde 1979 zum Vollcontainerschiff umgebaut und in LUDWIGSHAFEN EXPRESS umbenannt. (Hapag-Lloyd AG, Hamburg)

Die LUDWIGSHAFEN EXPRESS nach dem Umbau. (Hapag-Lloyd AG, Hamburg)

Die Containerschiffe der neuen Hamburg-Express-Klasse sind die größten jemals von Hapag-Lloyd bestellten Einheiten. Hier läuft die SINGAPORE EXPRESS im Juli 2024 erstmals Hamburg an.

Die ELBE EXPRESS war zwar das Typschiff und wurde zuerst zu Wasser gelassen, jedoch lieferte man die WESER EXPRESS 20 Tage vorher ab. Die Schiffe dieser Klasse verkehrten nach ihrer Ablieferung im Liniendienst nach Nordamerika. Hier ist die MOSEL EXPRESS zu sehen. (Hapag-Lloyd AG, Hamburg)

Elbe-Express-Klasse

Schiffe: WESER EXPRESS, ELBE EXPRESS, MOSEL EXPRESS, ALSTER EXPRESS
Baujahre: 1968–1969
Bauwerften: Blohm+Voss, Hamburg / Bremer Vulkan, Bremen
Stapellauf Typschiff: 12. Juli 1968
Ablieferung Typschiff: 30. Oktober 1968
IMO-Nr. Typschiff: 6823143
Länge: 170,92 Meter
Breite: 24,56 Meter
max. Tiefgang: 7,89 Meter
Vermessung: 14.069 BRT
Tragfähigkeit: 11.351 tdw
Containerkapazität: 736 TEU
Kühlcontainer: 21
Maschine: 9-Zylinder-Dieselmotor MAN K9Z78/155E
Leistung: 11.584 kW
Propeller: 1
Höchstgeschwindigkeit: 20 Knoten
Heimathäfen: Hamburg/Bremen
Verbleib der Schiffe: Alle Schiffe der Klasse wurden mittlerweile abgewrackt.

Die MELBOURNE EXPRESS war einige Tage später als vorgesehen abgeliefert worden, damit sie offiziell der erste Neubau im neuen Hapag-Lloyd-Konzern war. Nach ihrer Ablieferung verkehrte sie im Liniendienst nach Australien. (Hapag-Lloyd AG, Hamburg)

MELBOURNE EXPRESS

Baujahre: 1969–1970
Bauwerft: Bremer Vulkan, Bremen
Stapellauf: 25. April 1970
Ablieferung: 5. September 1970
IMO-Nr.: 7016943
Länge: 217,90 Meter
Breite: 28,96 Meter
max. Tiefgang: 11,49 Meter
Vermessung: 25.558 BRT
Tragfähigkeit: 31.610 tdw
Containerkapazität: 1600 TEU
Kühlcontainer: 92
Maschine: Stal-Laval Turbine AP 32/110
Leistung: 23.867 kW
Propeller: 1
Höchstgeschwindigkeit: 21 Knoten
Heimathafen: Bremen
Verbleib des Schiffes: 1988 in Kaohsiung (Taiwan) abgewrackt

Die SYDNEY EXPRESS konnte nach der Ablieferung an der Hamburger Überseebrücke besichtigt werden. Dabei strömten rund 25.000 Menschen an Bord. Anfangs verkehrte sie im Liniendienst nach Australien. (Hapag-Lloyd AG, Hamburg)

SYDNEY EXPRESS

Baujahre: 1969–1970
Bauwerft: Blohm+Voss, Hamburg
Stapellauf: 16. Februar 1970
Ablieferung: 18. September 1970
IMO-Nr.: 7011137
Länge: 225,85 Meter
Breite: 30,50 Meter
max. Tiefgang: 11,55 Meter
Vermessung: 27.407 BRT
Tragfähigkeit: 33.350 tdw
Containerkapazität: 1665 TEU
Kühlcontainer: 100
Maschine: Stal-Laval Turbine AP 32/110
Leistung: 23.867 kW
Propeller: 1
Höchstgeschwindigkeit: 21 Knoten
Heimathafen: Hamburg
Verbleib des Schiffes: 1997 in Alang (Indien) abgewrackt

Die beiden bei Blohm+Voss gebauten Einheiten HAMBURG EXPRESS und TOKIO EXPRESS waren nicht baugleich mit ihren Bremer Schwesterschiffen. Sie verkehrten nach ihrer Ablieferung im Liniendienst nach Ostasien. (Hapag-Lloyd AG, Hamburg)

Hamburg-Express-Klasse (Blohm+Voss)

Schiffe: HAMBURG EXPRESS, TOKIO EXPRESS
Baujahre: 1971–1973
Bauwerft: Blohm+Voss, Hamburg
Stapellauf Typschiff: 8. Januar 1972
Ablieferung Typschiff: 6. Juli 1972
IMO-Nr. Typschiff: 7129934
Länge: 287,70 Meter
Breite: 32,20 Meter
max. Tiefgang: 12,79 Meter
Vermessung: 58.087 BRT
Tragfähigkeit: 42.800 tdw
Containerkapazität: 3010 TEU
Kühlcontainer: 100
Maschine: 2x Stal-Laval Turbine AP 40/136
Leistung: 60.000 kW
Propeller: 2
Höchstgeschwindigkeit: 27 Knoten
Heimathafen: Hamburg
Verbleib der Schiffe: Alle Schiffe der Klasse wurden mittlerweile abgewrackt.

Die beiden beim Bremer Vulkan gebauten Einheiten BREMEN EXPRESS und HONGKONG EXPRESS waren nicht baugleich mit ihren Hamburger Schwesterschiffen. Sie verkehrten nach ihrer Ablieferung ebenfalls im Liniendienst nach Ostasien. (Hapag-Lloyd AG, Hamburg)

Hamburg-Express-Klasse (Bremer Vulkan)

Schiffe: BREMEN EXPRESS, HONGKONG EXPRESS
Baujahre: 1971–1972
Bauwerft: Bremer Vulkan, Bremen
Stapellauf Typschiff: 1. März 1972
Ablieferung Typschiff: 4. August 1972
IMO-Nr. Typschiff: 7207061
Länge: 287,02 Meter
Breite: 32,24 Meter
max. Tiefgang: 12,04 Meter
Vermessung: 57.535 BRT
Tragfähigkeit: 42.900 tdw
Containerkapazität: 2964 TEU
Kühlcontainer: 100
Maschine: 2x Stal-Laval Turbine AP 40/136
Leistung: 60.000 kW
Propeller: 2
Höchstgeschwindigkeit: 27 Knoten
Heimathafen: Bremen
Verbleib der Schiffe: Alle Schiffe der Klasse wurden mittlerweile abgewrackt.

Diese Schiffe wurden als Kühlcontainerschiffe gebaut. Hapag-Lloyd setzte sie im CAROL-Dienst zwischen Europa und der Karibik ein. (Hapag-Lloyd AG, Hamburg)

Stocznia Gdanska 463

Schiffe: CARIBIA EXPRESS, CORDILLERA EXPRESS, AMERICA EXPRESS, ALEMANIA EXPRESS
Baujahre: 1975–1978
Bauwerft: Stocznia Gdanska, Polen
Stapellauf Typschiff: 20. März 1976
Ablieferung Typschiff: 17. November 1976
IMO-Nr. Typschiff: 7383877
Länge: 204,00 Meter
Breite: 30,80 Meter
max. Tiefgang: 10,00 Meter
Vermessung: 27.936 BRT
Tragfähigkeit: 23.551 tdw
Containerkapazität: 1456 TEU
Kühlcontainer: 480
Maschine: 10-Zylinder-Dieselmotor Cegielski/Sulzer 10RND90
Leistung: 21.329 kW
Propeller: 1
Höchstgeschwindigkeit: 22 Knoten
Heimathafen: Hamburg
Verbleib der Schiffe: Alle Schiffe der Klasse wurden mittlerweile abgewrackt.

Die Containerschiffe der Stuttgart-Express-Klasse lösten auf dem Nordatlantik die Schiffe der Elbe-Express-Klasse ab. (Hapag-Lloyd AG, Hamburg)

Stuttgart-Express-Klasse

Schiffe: STUTTGART EXPRESS, DÜSSELDORF EXPRESS, NÜRNBERG EXPRESS, KÖLN EXPRESS
Baujahre: 1976–1978
Bauwerft: Flender Werft, Lübeck
Stapellauf Typschiff: 11. März 1977
Ablieferung Typschiff: 29. September 1977
IMO-Nr. Typschiff: 7502904
Länge: 209,92 Meter
Breite: 32,20 Meter
max. Tiefgang: 11,00 Meter
Vermessung: 32.928 BRT
Tragfähigkeit: 32.470 tdw
Containerkapazität: 1758 TEU
Kühlcontainer: k.A.
Maschine: 10-Zylinder-Dieselmotor MAN K10SZ90/160
Leistung: 24.492 kW
Propeller: 1
Höchstgeschwindigkeit: 22 Knoten
Heimathafen: Hamburg
Verbleib der Schiffe: Alle Schiffe der Klasse wurden mittlerweile abgewrackt.

Die FRANKFURT EXPRESS war bei ihrer Indienststellung das größte Containerschiff der Welt. Nach ihrer Ablieferung verkehrte sie im Liniendienst nach Ostasien. Hier ist das Schiff im Juli 2004 auf der Elbe zu sehen. (Christian Costa)

FRANKFURT EXPRESS

Baujahre: 1980–1981
Bauwerft: Howaldtswerke Deutsche Werft, Kiel
Ausdockung: 30. Januar 1981
Ablieferung: 22. Juni 1981
IMO-Nr.: 7909592
Länge: 287,73 Meter
Breite: 32,20 Meter
max. Tiefgang: 13,06 Meter
Vermessung: 58.384 BRT
Tragfähigkeit: 51.540 tdw

Containerkapazität: 3045 TEU
Kühlcontainer: 152
Maschine: 2x 9-Zylinder-Dieselmotor MAN K9Z90/160B
Leistung: 40.011 kW
Propeller: 2
Höchstgeschwindigkeit: 23 Knoten
Heimathafen: Hamburg
Verbleib des Schiffes: 2009 in Gadani (Pakistan) abgewrackt

Die hier abgebildete SANTIAGO EXPRESS wurde als CORDILLERA EXPRESS gebaut. Die Schiffe dieser Klasse verkehrten nach ihrer Ablieferung im Liniendienst zur südamerikanischen Westküste und besaßen zum Laden und Löschen in Häfen ohne Containerbrücke einen bordeigenen Kran. (Jens Grabbe)

Humboldt-Express-Klasse

Schiffe: HUMBOLDT EXPRESS, CORDILLERA EXPRESS
Baujahre: 1983–1984
Bauwerft: Samsung Heavy Industries, Südkorea
Ausdockung Typschiff: 29. Dezember 1983
Ablieferung Typschiff: 15. Juni 1984
IMO-Nr. Typschiff: 8208270
Länge: 206,00 Meter
Breite: 32,20 Meter
max. Tiefgang: 11,70 Meter
Vermessung: 32.444 BRZ
Tragfähigkeit: 34.037 tdw
Containerkapazität: 2181 TEU
Kühlcontainer: 250
Maschine: 5-Zylinder-Dieselmotor Hyundai B&W 5L90GBE
Leistung: 14.563 kW
Propeller: 1
Höchstgeschwindigkeit: 18,5 Knoten
Heimathafen: Bremen
Verbleib der Schiffe: Alle Schiffe der Klasse wurden mittlerweile abgewrackt.

Diese Schwesterschiffe waren die letzten beiden Neubauten der Reederei von einer deutschen Werft. Sie waren gleichzeitig die ersten Schiffe der Flotte mit einer Brücke, die nur noch von einem Wachoffizier besetzt werden musste. (Christian Costa)

Bonn-Express-Klasse

Schiffe: BONN EXPRESS, HEIDELBERG EXPRESS
Baujahre: 1988–1989
Bauwerft: Howaldtswerke Deutsche Werft, Kiel
Aufschwimmen Typschiff: 3. Januar 1989
Ablieferung Typschiff: 11. März 1989
IMO-Nr. Typschiff: 8711368
Länge: 206,40 Meter
Breite: 32,20 Meter
max. Tiefgang: 12,51 Meter
Vermessung: 29.939 BRZ
Tragfähigkeit: 36.000 tdw
Containerkapazität: 2291 TEU
Kühlcontainer: 238
Maschine: 8-Zylinder-Dieselmotor Hyundai B&W 8L80MC
Leistung: 18.800 kW
Propeller: 1
Höchstgeschwindigkeit: 20,5 Knoten
Heimathäfen: Hamburg/Bremen
Verbleib der Schiffe: Alle Schiffe der Klasse wurden mittlerweile abgewrackt.

Die BERLIN EXPRESS war das erste Schiff von Hapag-Lloyd, welches in China gebaut wurde. Allerdings lieferte die Werft sie erst mit elfmonatiger Verspätung ab. Anschließend verkehrte die BERLIN EXPRESS im Liniendienst nach Australien. (Hapag-Lloyd AG, Hamburg)

BERLIN EXPRESS

Baujahre: 1989–1990
Bauwerft: Hudong Shipyard Shanghai, China
Aufschwimmen: 26. Juni 1989
Ablieferung: Frühjahr 1990
IMO-Nr.: 8704183
Länge: 233,92 Meter
Breite: 32,30 Meter
max. Tiefgang: 12,52 Meter
Vermessung: 35.303 BRZ
Tragfähigkeit: 42.221 tdw
Containerkapazität: 2.730 TEU
Kühlcontainer: k.A.
Maschine: 7-Zylinder-Dieselmotor Sulzer 7RTA84
Leistung: 21.300 kW
Propeller: 1
Höchstgeschwindigkeit: 21 Knoten
Heimathafen: Bremen
Verbleib des Schiffes: 2015 in Alang (Indien) abgewrackt

Die hier abgebildete KIEL EXPRESS wurde als HANNOVER EXPRESS gebaut. Die Schiffe dieser Klasse verkehrten nach ihrer Ablieferung im Liniendienst nach Ostasien. (Christian Costa)

Hannover-Express-Klasse

Schiffe: HANNOVER EXPRESS, LEVERKUSEN EXPRESS, DRESDEN EXPRESS, HOECHST EXPRESS, LUDWIGSHAFEN EXPRESS, ESSEN EXPRESS, STUTTGART EXPRESS, HAMBURG EXPRESS
Baujahre: 1990–1994
Bauwerft: Samsung Shipbuilding & Heavy Industries, Südkorea
Aufschwimmen Typschiff: 27. Oktober 1990
Ablieferung Typschiff: 8. Februar 1991
IMO-Nr. Typschiff: 8902539
Länge: 294,00 Meter
Breite: 32,30 Meter
max. Tiefgang: 13,52 Meter
Vermessung: 53.783 BRZ
Tragfähigkeit: 67.686 tdw
Containerkapazität: 4396 TEU
Kühlcontainer: 452
Maschine: 9-Zylinder-Dieselmotor Hyundai B&W 9K90MC
Leistung: 36.518 kW
Propeller: 1
Höchstgeschwindigkeit: 23 Knoten
Heimathäfen: Hamburg/Bremen
Verbleib der Schiffe: Sieben von acht Schiffen der Klasse wurden mittlerweile abgewrackt. Lediglich die STUTTGART EXPRESS ist noch unter dem Namen MSC ROBERTA V im Dienst.

Die Shanghai-Express-Klasse wurde später in Kobe-Express-Klasse umbenannt. Auf dem Bild ist die LONDON EXPRESS als dritte abgelieferte Einheit zu sehen. (Hapag-Lloyd AG, Hamburg)

Shanghai-Express-Klasse

Schiffe: SHANGHAI EXPRESS, DÜSSELDORF EXPRESS, LONDON EXPRESS
Baujahre: 1997–1998
Bauwerft: Samsung Shipbuilding & Heavy Industries, Südkorea
Aufschwimmen Typschiff: 27. September 1997
Ablieferung Typschiff: 29. Dezember 1997
IMO-Nr. Typschiff: 9143544
Länge: 294,00 Meter
Breite: 32,25 Meter
max. Tiefgang: 13,50 Meter
Vermessung: 53.523 BRZ
Tragfähigkeit: 67.630 tdw
Containerkapazität: 4612 TEU
Kühlcontainer: 350
Maschine: 9-Zylinder-Dieselmotor Hyundai B&W 9K90MC
Leistung: 41.130 kW
Propeller: 1
Höchstgeschwindigkeit: 24,5 Knoten
Heimathafen: Hamburg
Verbleib der Schiffe: Alle Schiffe der Klasse sind derzeit für Hapag-Lloyd im Einsatz.

Die Antwerpen-Express-Klasse wurde später in Dallas-Express-Klasse umbenannt. Neben den vier von Hapag-Lloyd bestellten Einheiten wurden drei weitere von der griechischen Reederei Costamare geordert und langfristig an Hapag-Lloyd verchartert. (Ulf Kornfeld)

Antwerpen-Express-Klasse

Schiffe: ANTWERPEN EXPRESS, TOKYO EXPRESS, BREMEN EXPRESS, ROTTERDAM EXPRESS
Baujahre: 1999–2000
Bauwerft: Hyundai Heavy Industries, Südkorea
Aufschwimmen Typschiff: 16. Oktober 1999
Ablieferung Typschiff: 12. Januar 2000
IMO-Nr. Typschiff: 9193288
Länge: 294,00 Meter
Breite: 32,20 Meter
max. Tiefgang: 13,50 Meter
Vermessung: 54.465 BRZ
Tragfähigkeit: 66.981 tdw
Containerkapazität: 4890 TEU
Kühlcontainer: 370
Maschine: 7-Zylinder-Dieselmotor Hyundai B&W 7K98MC
Leistung: 40.100 kW
Propeller: 1
Höchstgeschwindigkeit: 24 Knoten
Heimathafen: Hamburg
Verbleib der Schiffe: Alle Schiffe der Klasse sind derzeit für Hapag-Lloyd im Einsatz.

Die Hamburg-Express-Klasse wurde später in Dalian-Express-Klasse umbenannt. Die Schiffe dieser Klasse waren die ersten Post-Panamax-Containerschiffe der Reederei. Dies bedeutet, dass sie zu groß für die alten Schleusen des Panama-Kanals sind. (Christian Costa)

Hamburg-Express-Klasse

Schiffe: HAMBURG EXPRESS, SHANGHAI EXPRESS, HONG KONG EXPRESS, BERLIN EXPRESS
Baujahre: 2001–2003
Bauwerft: Hyundai Heavy Industries, Südkorea
Aufschwimmen Typschiff: 18. August 2001
Ablieferung Typschiff: 24. Oktober 2001
IMO-Nr. Typschiff: 9229829
Länge: 320,35 Meter
Breite: 42,80 Meter
max. Tiefgang: 14,50 Meter
Vermessung: 88.493 BRZ
Tragfähigkeit: 100.006 tdw
Containerkapazität: 7506 TEU
Kühlcontainer: 700
Maschine: 12-Zylinder-Dieselmotor Hyundai MAN 12K98MC
Leistung: 68.640 kW
Propeller: 1
Höchstgeschwindigkeit: 25,3 Knoten
Heimathafen: Hamburg
Verbleib der Schiffe: Alle Schiffe der Klasse sind derzeit für Hapag-Lloyd im Einsatz.

Die HONG KONG EXPRESS wurde 2013 in NINGBO EXPRESS umbenannt. (Ulf Kornfeld)

Im Februar 2011 verlässt die HAMBURG EXPRESS Singapur. (Max Müller)

Die Schiffe dieser Klasse wurden für den Ostasiendienst gebaut. Bei der Ablieferung war die COLOMBO EXPRESS das größte Containerschiff der Welt. Die abgebildete CHICAGO EXPRESS ist eines der Ausbildungsschiffe der Flotte und besitzt ein zusätzliches Mannschaftsdeck. (Christian Costa)

Colombo-Express-Klasse

Schiffe: COLOMBO EXPRESS, KYOTO EXPRESS, CHICAGO EXPRESS, OSAKA EXPRESS, TSINGTAO EXPRESS, HANOVER EXPRESS, BREMEN EXPRESS, KUALA LUMPUR EXPRESS
Baujahre: 2004–2008
Bauwerft: Hyundai Heavy Industries, Südkorea
Aufschwimmen Typschiff: 14. Januar 2005
Ablieferung Typschiff: 30. März 2005
IMO-Nr. Typschiff: 9295244
Länge: 335,07 Meter
Breite: 42,87 Meter
max. Tiefgang: 14,60 Meter
Vermessung: 93.750 BRZ
Tragfähigkeit: 103.800 tdw
Containerkapazität: 8749 TEU
Kühlcontainer: 730
Maschine: 12-Zylinder-Dieselmotor Hyundai MAN 12K98ME
Leistung: 68.640 kW
Propeller: 1
Höchstgeschwindigkeit: 25,2 Knoten
Heimathafen: Hamburg
Verbleib der Schiffe: Alle Schiffe der Klasse sind derzeit für Hapag-Lloyd im Einsatz.

Die Schiffe der Prague-Express-Klasse gleichen weitestgehend denen der Colombo-Express-Klasse. Auf dem Bild läuft die FRANKFURT EXPRESS in die Elbe ein und wird in Kürze den Hamburger Hafen erreichen. (Ulf Kornfeld)

Prague-Express-Klasse

Schiffe: PRAGUE EXPRESS, SOFIA EXPRESS, FRANKFURT EXPRESS
Baujahre: 2009–2010
Bauwerft: Hyundai Heavy Industries, Südkorea
Aufschwimmen Typschiff: 24. Dezember 2009
Ablieferung Typschiff: 22. März 2010
IMO-Nr. Typschiff: 9450399
Länge: 335,06 Meter
Breite: 42,87 Meter
max. Tiefgang: 14,60 Meter
Vermessung: 93.750 BRZ
Tragfähigkeit: 104.014 tdw
Containerkapazität: 8749 TEU
Kühlcontainer: 730
Maschine: 10-Zylinder-Dieselmotor Hyundai MAN 10K98ME
Leistung: 57.200 kW
Propeller: 1
Höchstgeschwindigkeit: 25 Knoten
Heimathafen: Hamburg
Verbleib der Schiffe: Alle Schiffe der Klasse sind derzeit für Hapag-Lloyd im Einsatz.

Die Schiffe der Vienna-Express-Klasse gleichen weitestgehend denen der Colombo-Express-Klasse und der Prague-Express-Klasse. (Christian Costa)

Vienna-Express-Klasse

Schiffe: VIENNA EXPRESS, BASLE EXPRESS, BUDAPEST EXPRESS
Baujahre: 2009–2010
Bauwerft: Hyundai Heavy Industries, Südkorea
Aufschwimmen Typschiff: 6. November 2009
Ablieferung Typschiff: 11. Januar 2010
IMO-Nr. Typschiff: 9450416
Länge: 335,06 Meter
Breite: 42,87 Meter
max. Tiefgang: 14,60 Meter
Vermessung: 93.750 BRZ
Tragfähigkeit: 103.649 tdw
Containerkapazität: 8749 TEU
Kühlcontainer: 730
Maschine: 12-Zylinder-Dieselmotor Hyundai MAN 12K98ME
Leistung: 57.200 kW
Propeller: 1
Höchstgeschwindigkeit: 25 Knoten
Heimathafen: Hamburg
Verbleib der Schiffe: Alle Schiffe der Klasse sind derzeit für Hapag-Lloyd im Einsatz.

Charakteristisch ist bei der für den Ostasien-Dienst gebauten Hamburg-Express-Klasse erstmals das weit vorn stehende Brückenhaus, das von der Maschine an Achtern räumlich getrennt ist. So können die Container an Deck höher gestapelt werden. Heute wird die Klasse als Dortmund-Express-Klasse bezeichnet. (Ulf Kornfeld)

Hamburg-Express-Klasse

Schiffe: HAMBURG EXPRESS, NEW YORK EXPRESS, BASLE EXPRESS, HONG KONG EXPRESS, SHANGHAI EXPRESS, ESSEN EXPRESS, ANTWERPEN EXPRESS, LEVERKUSEN EXPRESS, LUDWIGSHAFEN EXPRESS, ULSAN EXPRESS
Baujahre: 2012–2014
Bauwerft: Hyundai Heavy Industries, Südkorea
Aufschwimmen Typschiff: 6. April 2012
Ablieferung Typschiff: 5. Juli 2012
IMO-Nr. Typschiff: 9461051
Länge: 366,52 Meter
Breite: 48,20 Meter
max. Tiefgang: 15,50 Meter
Vermessung: 143.262 BRZ
Tragfähigkeit: 142.092 tdw
Containerkapazität: 13.177 TEU
Kühlcontainer: 800
Maschine: 11-Zylinder-Dieselmotor Hyundai MAN 11K98ME7
Leistung: 58.274 kW
Propeller: 1
Höchstgeschwindigkeit: 23,3 Knoten
Heimathafen: Hamburg
Verbleib der Schiffe: Alle Schiffe der Klasse sind derzeit für Hapag-Lloyd im Einsatz.

Die Schiffe sind für die Größe der 2016 eröffneten neuen Panama-Kanal-Schleusen gebaut worden und verkehren im Südamerika-Dienst. Diese so genannten Neopanamax-Schiffe dürfen maximal 370,3 Meter lang und 51,2 Meter breit sein. Der maximale Tiefgang beträgt 15,2 Meter. (Ulf Kornfeld)

Valparaíso-Express-Klasse

Schiffe: VALPARAISO EXPRESS, CALLAO EXPRESS, CARTAGENA EXPRESS, GUAYAQUIL EXPRESS, SANTOS EXPRESS
Baujahre: 2016–2017
Bauwerft: Hyundai Samho Heavy Industries, Südkorea
Aufschwimmen Typschiff: 10. September 2016
Ablieferung Typschiff: 2. November 2016
IMO-Nr. Typschiff: 9777589
Länge: 333,20 Meter
Breite: 48,20 Meter
max. Tiefgang: 14,00 Meter
Vermessung: 118.945 BRZ
Tragfähigkeit: 123.587 tdw
Containerkapazität: 10.519 TEU
Kühlcontainer: 2100
Maschine: 7-Zylinder-Dieselmotor Hyundai MAN 7S90ME-C10.5
Leistung: 40.670 kW
Propeller: 1
Höchstgeschwindigkeit: 23 Knoten
Heimathafen: Hamburg
Verbleib der Schiffe: Alle Schiffe der Klasse sind derzeit für Hapag-Lloyd im Einsatz.

Diese Containerschiffe sind, wie die Schiffe der Valparaíso-Express-Klasse, für den Südamerika-Dienst gebaut worden. Dafür verfügen sie über eine hohe Anzahl an Kühlcontainerstellplätzen. Drei weitere Einheiten fahren in Charter für Hapag-Lloyd. (Jens Grabbe)

Rio-de-Janeiro-Express-Klasse

Schiffe: RIO DE JANEIRO EXPRESS, MONTEVIDEO EXPRESS, BUENOS AIRES EXPRESS
Baujahre: 2022–2023
Bauwerft: Hyundai Samho Heavy Industries, Südkorea
Aufschwimmen Typschiff: 25. Mai 2022
Ablieferung Typschiff: 28. Juli 2022
IMO-Nr. Typschiff: 9508902
Länge: 335,12 Meter
Breite: 51,00 Meter
max. Tiefgang: 16,00 Meter
Vermessung: 123.560 BRZ
Tragfähigkeit: 142.411 tdw
Containerkapazität: 13.312 TEU
Kühlcontainer: 2220
Maschine: 7-Zylinder-Dieselmotor Hyundai Winterthur X92-B-TIII7
Leistung: 43.550 kW
Propeller: 1
Höchstgeschwindigkeit: 23 Knoten
Heimathafen: Hamburg
Verbleib der Schiffe: Alle Schiffe der Klasse sind derzeit für Hapag-Lloyd im Einsatz.

Die BERLIN EXPRESS war für ihren Erstanlauf in Hamburg am 26. September 2023 im äußeren Decksbereich ausschließlich mit orangefarbenen Hapag-Lloyd Containern beladen. (Jens Grabbe)

Hamburg-Express-Klasse

Schiffe: BERLIN EXPRESS, MANILA EXPRESS, HANOI EXPRESS, BUSAN EXPRESS, SINGAPORE EXPRESS, DAMIETTA EXPRESS, HAMBURG EXPRESS, GDANSK EXPRESS, BANGKOK EXPRESS, ROTTERDAM EXPRESS, GENOVA EXPRESS, WILHELMSHAVEN EXPRESS
Baujahre: 2022–2025
Bauwerft: Hanwha Ocean, Südkorea
Aufschwimmen Typschiff: 17. Dezember 2022
Ablieferung Typschiff: 14. Juni 2023
IMO-Nr. Typschiff: 9540118
Länge: 399,90 Meter
Breite: 61,00 Meter
max. Tiefgang: 16,30 Meter
Vermessung: 229.376 BRZ
Tragfähigkeit: 224.995 tdw
Containerkapazität: 23.664 TEU
Kühlcontainer: 1500
Maschine: 11-Zylinder-Dual-Fuel-Motor Hyundai-MAN 11G95ME-C10.5-GI x 1-set
Leistung: 58.270 kW
Propeller: 1
Höchstgeschwindigkeit: 22 Knoten
Heimathafen: Hamburg
Verbleib der Schiffe: Alle abgelieferten Schiffe der Klasse sind derzeit für Hapag-Lloyd im Einsatz.

Während der Taufe der BERLIN EXPRESS passiert die VALPARAISO EXPRESS den Athabaskakai.

Nord-Ostsee-Kanal

Um die Container vom Hamburger Hafen in den Ostseeraum zu bringen, haben Reedereien zwei Möglichkeiten: Entweder lassen sie ihre Containerschiffe um die Nordspitze Dänemarks (Skagen) herum fahren oder sie entscheiden sich für die Abkürzung zwischen den Meeren, den Nord-Ostsee-Kanal. Diese rund 100 Kilometer lange künstliche Wasserstraße verbindet die Elbe mit der Kieler Förde. Auf dem Weg von Hamburg nach Stockholm oder Riga sparen Schiffe bei Nutzung des Kanals etwa 336 Seemeilen (622 Kilometer).

Eröffnet wurde der Nord-Ostsee-Kanal im Juni 1895 von Kaiser Wilhelm II. Zum Erstaunen aller taufte der Monarch das Bauwerk auf den Namen „Kaiser-Wilhelm-Kanal". Ihren heutigen Namen erhielt die Wasserstraße offiziell erst nach dem Zweiten Weltkrieg im Jahr 1948. International gilt die Bezeichnung „Kiel Canal".

Schon die Wikinger hatten vor rund 1000 Jahren ihre eigene Version eines Nord-Ostsee-Kanals: Handelswaren kamen per Schiff von der Ostsee über den Meeresarm Schlei und von der Nordsee über den Fluss Treene bis weit ins Landesinnere. Auf den restlichen rund 16 Kilometern Landweg wurden die Waren per Ochsenkarren transportiert und anschließend wieder auf Schiffe verladen. An dieser Handelsroute lag auch der für die Wikinger wichtige Umschlagplatz Haithabu.

Schleusen in Brunsbüttel und Kiel gleichen sturm- und tidebedingte Wasserstandsunterschiede aus.